현장의
접지 기술과
접지 시스템

접지의 기초부터 응용까지

가와세 타로 지음 | 이종선 옮김

BM (주)도서출판 **성안당**

日本 옴사 · 성안당 공동 출간

현장의
접지 기술과
접지 시스템

접지의 기초부터 응용까지

Original Japanese Language edition
GENBA NO SECCHIGIJUTSU TO SECCHISISUTEMU
by Tarou Kawase
Copyright © Tarou Kawase 1993
published by Ohmsha, Ltd.

Korean translation copyright © 1998 by Sung An Dang, Inc.

머리말

1977년에 옴사의 권유로 「지락보호와 접지기술」이라는 책자를 출판했던 바 독자들의 호평으로 최근까지 예상 이상으로 증판을 거듭해 왔다.

이 책이 출판된지 벌써 15년이 경과, 그 동안에 접지에 대한 사회의 인식도 크게 변화했다. 이전에는 접지라고 하면 한결같이 전력 설비용 접지를 말했는데 오늘날에는 전자 기기용 접지에 대한 문제가 많이 거론되고 있다.

이렇듯 사회적인 인식이 바뀐 배경으로는 내외를 막론한 고도 정보 사회로의 진전을 들 수 있다. 특히, 이른바 인텔리전트 빌딩의 등장은 접지에 대한 새로운 관심을 불러 일으켰다. 이미 알고 있듯이 인텔리전트 빌딩은 각종 다양한 전자 기기로 가득차 있어 이들 간에 전력용, 전화용, 데이터용 배선이 종횡으로 펼쳐져 있다.

이러한 상황에서 전자 유도 간섭(Electromagnetic interference; EMI)이나 전자 환경 문제(Electromagnetic compatibility; EMC)의 발생은 필연적이기 때문에 현재 이런 종류의 장해가 점차 증가되고 있다고 한다.

EMI나 EMC라 하더라도 접지와는 밀접하게 결부되어 있기 때문에 이에 대한 문제에서 접지를 배놓고는 이야기를 할 수 없다. 이러한 배경이 전자 기술자들에게 접지에 대한 새로운 관심을 불러 일으킨 것이라 본다. 하여튼 다양한 분야의 기술자가 접지에 관심을 가진다는 것은 환영해야 할 것이다.

전력 설비용이든 전자 기기용이든 접지기술의 기초에 있어서는 공통적이다. 또, 어떤 분야이든 접지 문제의 정리에 앞서 먼저 기초부터 검토하지 않으면 안된다.

「지락보호와 접지기술」은 전력용 접지라는 관점에서 쓰여졌음에도 불구하고 전자 기술자로부터 의외로 좋은 반응을 얻었을 만큼 현재 접지에 관련되는 문제가 어디에서 발생되고 있고 또한 어떤 분야의 사람들이 접지 문제에 신중하게 도전하고 있는가를 잘 시사해 주고 있다.

하지만 15년이나 경과하면 어떠한 책이라도 낡은 책이 되어 버린다. 접지에도 「시대에 따라 쉽게 변하지 않는 것」이 있어 저류(低流)의 변화는 완만하지만 미세한 점에서는 상당한 변동도 있다. 이러한 시대 요청에 따라, 더불어 옴사의 권유를 받아들여 이제까지 발행된 책자를 전면적으로 검토하고 도서명도 바꾸어 출판하기로 했다.

출판에 즈음하여 접지라는 것이 얼마나 많은 선인들의 꾸준한 노력의 결실로 맺은 값진 기술인가하는 느낌이 새삼스럽다. 우리들은 선인들의 노력에 감사하는 동시에 그 기술을 계승하여 발전시킬 책무가 있다. 그 나라의 접지에 관한 기준이나 규격에 대한 정비의 실상을 보면 그 나라의 사회 기반(인프러스트럭쳐) 정비의 정도를 엿볼 수 있다고 해도 과언이 아니다. 이 책에 의해서 그렇게 인식하는 사람이 조금이라도 많아지기를 바라는 바이다.

끝으로 이 책을 추천해 주시고 지속적으로 독려해 주신 옴사 여러분께 깊은 감사를 드린다.

저자 씀

차　례

I 접지의 기초

Ⅱ 접지 시스템

Ⅲ 응 용

I
접지의 기초

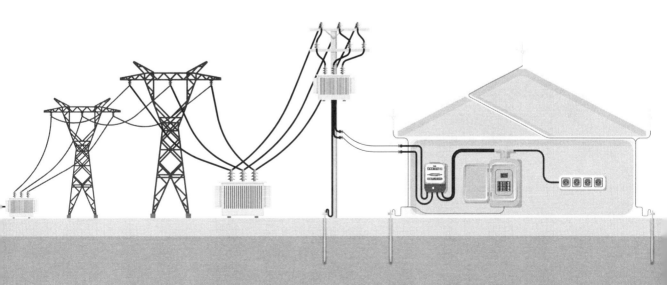

1. 접지의 역사

접지는 전기 설비와 대지 사이에 확실한 전기적 접속을 실현하려는 기술이다. 언뜻 간단한 기술같이 보이지만 접지는 탐구하면 할수록 심오하고 어려운 기술이다.

접지 기술은 영국식으로는 **earthing**, 미국식으로는 **grounding**으로 하고 있다.

접지의 역사는 **피뢰침**에서 시작되었다.

1753년에 연을 띄운 유명한 실험을 했던 플랭클린은 그 다음 해인 1754년에 피뢰침을 고안하고 주위 사람들에게 이것을 설치하도록 권했다. 그 후 피뢰침은 낙뢰로 인한 재해를 방지하는 데에 확실히 효과적이라는 것이 사람들에게 인식되어 세계적으로 확산되었다.

프랭클린이 발명한 최초의 피뢰침은 **그림 1.1**과 같이 철로 된 봉을 건물에 접해 세우고 그 하단을 지중에 매입한 형태였다. 이 지중 부분이 바로 오늘날에 말하는 **접지 전극**에 해당한다. 피뢰침은 뇌 에너지를 안전하게 대지로 유출시키기 위한 설비이기 때문에 그 접지판은 대지와 확실하게 접속되어야 한다. 이것이 접지 기술의 탄생이다.

피뢰침에 이어 유선 전신에도 접지가 필요하게 되었고 **유선 전신**은 모스(Morse)에 의해서 1835년에 실용화되었다.

유선 전신에서는 본래 왕복 두 줄의 전선을 칠 필요가 있지만 실제로는 **그림 1.2**에 나타낸 바와 같이 송신용 전선 한 줄 밖에 치지 않고 복귀시에는 대지를 이용한다. 이것을 **대지 귀로(earth return)**라 한다. 다행히 대지는 전류가 통과하는 성질이 있기 때문에 대지 귀로가 가능하다.

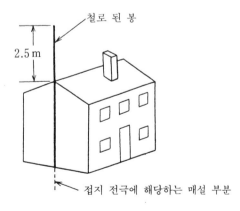

철로 된 봉

2.5 m

접지 전극에 해당하는 매설 부분

그림 1.1 프랭클린의 피뢰침과 세계 최초의 접지

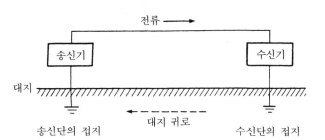

그림 1.2 모스의 유선 통신 회로 ── 대지 귀로의 사용

그림 1.2에 나타낸 바와 같이 대지 귀로가 가능하기 위해서는 송신점 및 수신점에서의 접지가 필수적이다. 이 접지는 대지를 회로의 일부로 구성하기 위한 접지로 **기능적 접지**라 부르기도 한다.

1876년에 벨이 **전화**를 완성시켰다. 갑자기 전화용 가공선 망이 대지에 광범위하게 펼쳐지고 이들 선로는 낙뢰의 공격에 직접적으로 혹은 간접적으로 노출되어 있다. 선로에 직접 낙뢰했을 경우는 물론 가까운 위치에서 낙뢰했을 경우에도 선로는 영향을 받아 **뇌 서지**라 불리는 높고 험한 파(波)가 선로상을 질주하게 된다. 최악의 경우 이 뇌 서지는 집안의 전화기까지 도달하여 뜻하지 않는 재해를 일으킬 수 있다.

이로부터 등장한 것이 **피뢰기**(arrester)이다. **그림** 1.3은 현재 사용되는 전화기의 **보안기**인데 오늘날에도 퓨즈와 함께 피뢰기가 두 개 들어 있다. 전화선은 대지 귀로를 사용하고 있지 않기 때문에 각 선에 피뢰기를 설치해야만 된다.

그런데 피뢰기도 피뢰침과 마찬가지로 낙뢰의 에너지를 대지로 유출시키기 위한 것이므로 각 피뢰기는 한끝이 반드시 접지되어야 한다.

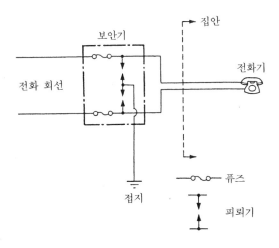

그림 1.3 전화의 보안기

이렇게 해서 전화기 수만큼 접지가 요구되는 시대에 들어섰다. 이것은 전화용 접지가 그 후에 발달한 전력용 접지보다도 역사가 오래 되었다는 것을 알려준다. **전력선-통신선간 유도 간섭 제거**라는 새로운 문제가 발생함에 따라 전화 기술자의 접지에 대한 관심은 한층 조장되어 유명한 벨 전화 연구소(Bell Telephone Laboratories, Inc.)에서도 접지의 체계적인 연구가 실행되었다.

1882년에 시작된 뉴욕의 세계 최초의 배전이나, 1887년에 도쿄에서 시작된 일본 최초의 배전도 직류 발전기에서 공급되는 직류 3선식(현재의 단상 3선식과 유사한 것)으로 어느 것이나 중성점은 접지되지 않았다.

일본의 **교류 배전**은 1889년 오오사카에서 1 kV의 전압으로 개시하고 도쿄에서는 조금 늦게 2 kV 및 3 kV의 전압으로 시작했다. 그러나 처음 얼마간은 변압기의 2차측을 접지하지 않고 **비접지 방식**으로 전기를 공급했다. 비접지 방식이란 배전용 변압기의 2차측 이후에는 전로의 어디에도 대지와 접속하지 않는 방식이다.

이 비접지 방식은 변압기의 1차-2차간의 절연이 파괴되면 1차측의 고전압이 그대로 2차측에 침입하여, 2차측 전로의 전위가 비정상적으로 높아지는 위험이 있다. 이것을 **고저압 혼촉 사고(그림 1.4)**라 한다.

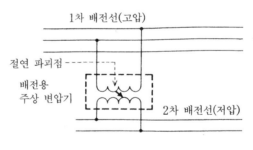

그림 1.4 고저압 혼촉 사고

이러한 종류의 혼촉 사고는 세계 각국에서 일어났는데 감전 사고뿐 아니라 화재 사고도 일어났다. 그 대책으로 변압기 2차측의 전로를 접지하도록 하였다. 즉, 비접지 방식에서 **접지 방식(그림 1.5)**으로의 전환이다.

오늘날에는 일본뿐 아니라 전세계적으로 저압 배전 계통은 접지 방식을 채택하고 있다. 변압기의 2차측 전로를 항상 접지해 놓으면 2차측 전로의 전위가 비정상적으로 상승하는 것을 방지할 수 있기 때문이다.

전기 설비에 관한 기술기준을 정하는 省令(통상산업성령, 이하 전기(電技)라 한다)의 구분에 따르면 배전용 변압기 2차측 전로의 접지는 **제 2 종 접지 공사**에 해당된다.

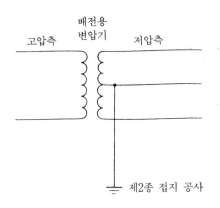

그림 1.5 접지 방식의 배전 계통

또한 비접지 방식을 여전히 채택하고 있는 특수한 계통도 있어, 병원의 집중 치료실 (ICU)의 배선이나 풀용 전기 설비의 배선이 이에 해당한다. 왜 이러한 종류의 배선이 비접지 방식을 채택하고 있는가? 그 이유는 후술한다.

어쨌든 일반적인 교류 배전이 접지 방식으로 전환됨으로써 전력용 접지를 효과적으로 실시하는 문제가 전력 기술상 중요한 명제로서 주목받게 되었다.

2. 다양한 접지

앞 절에서는 통시적으로 접지 기술에 대해 전개했는데, 이 절에서는 현재의 접지 기술의 각종 형태를 대략적으로 살펴보겠다.

먼저 **기기 접지**란, 저압계통에 접속되는 전기 기계 기구의 금속제 외함이나 철대 등에 실시하는 접지이다. 실생활에서는 전기 세탁기의 접지(**그림 2.1**)가 그 좋은 예이다. 이런 종류의 접지는 케이스 어스나 또는 몸통 접지라고 불린다.

기기 접지의 특징은 접지가 **비충전 부분**(평소에는 전기가 들어오지 않는 부분)에서 이루어진다는 점이다.

다음에 **계통 접지**란, 앞 절에서 소개한 배전용 변압기의 2차측 전로 접지, 즉 제2종 접지 공사가 이에 해당한다. 여기에서 **전로**란 배선 및 기기에서 항상 전류가 흐르는 부분을 가리키는 것으로 **충전 부분**이라고도 한다.

전기(電技)에서는, 전로는 원칙적으로 대지(大地)에 절연한다는 이른바 **전로의 절연 원칙**이 일관되고 있다. 그런데 제2종 접지 공사에서는 전로를 직접 대지와 접속하기 때문에 전로의 절연원칙에 반하게 된다. 물론 전기(電技)에서는 제2종 접지 공사의 접지점을 전로의 절연 원칙에서 제외하고 있다.

역사적으로 가장 오래된 것은 **피뢰침의 접지**이다. 피뢰침에는 직접적으로 낙뢰가 떨어지는, 즉 **직격뢰**에 노출될 가능성이 있다. 직격뢰에 덮치게 되면 피뢰침에 파고값 약 30 kA, 지속 시간 수십 μs의 전류파가 통과될 우려가 있다. 따라서 피뢰침 접지의 설계에 있어서는 이러한 조건을 고려해야 한다.

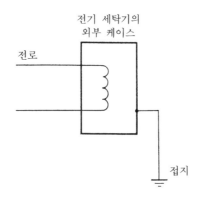

그림 2.1 전기 세탁기의 접지 ── 기기 접지의 예

낙뢰와 관련된 **피뢰기(arrester)의 접지**도 있다. 피뢰기를 설치하는 목적은 직격뢰 및 **유도뢰**(선로 가까이에 낙뢰했을 경우)에 의해 선로상에 발생한 뇌 서지에 대응하기 위한 것이다.

뇌 서지는 선로상을 진행하는 동안에 감쇠되므로 피뢰기가 설치된 위치(옥외, 옥측, 옥내)에 따라 피뢰기 접지의 개념이 달라진다. 또 피뢰기에는 전로의 대지(對地) 전압이 상시 걸려 있으므로 그 전압의 크기도 피뢰기의 선정상 및 설치상 중요한 조건이 된다.

자연계의 뇌 및 그것에 의한 뇌 서지를 **외뢰**(外雷)라고 하는 데에 대비해서 **내뢰**(內雷)라는 표현이 있다. 내뢰란 전력 계통 속에 들어 있는 개폐기 등이 개폐할 때에 과도적으로 발생하는 높고 험한 파(서지)를 의미한다. **고도 정보사회**를 맞이하여 낙뢰에 손상을 입기 쉬운 반도체를 이용한 전자 기기가 우리들의 주변에 급증하고 있다. 이렇게 되면 외뢰 뿐만 아니라 내뢰에 대해서도 기기를 방호할 필요가 생긴다. 이 역할을 하는 것으로 피뢰기의 모체에 해당하는 **서지 업소버**가 있다. 따라서 서지 업소버도 접지와 관련이 없는 것은 아니다.

대지를 회로의 일부로 구성하기 위한 **기능적 접지**의 예로서 유선전신회로는 이미 다루었다. 기능적 접지 이외의 예로서는 **전기 방식(防蝕)회로(그림 2.2)**가 있다. 또 차세대의 송전 방식으로서 기대되고 있는 **직류 송전계통(그림 2.3)**에서는 대지 귀로를 채택할 계획으로 당연히 기능적 접지가 필요하게 된다.

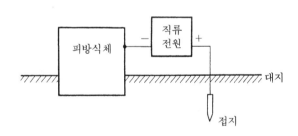

그림 2.2 전기 방식 회로

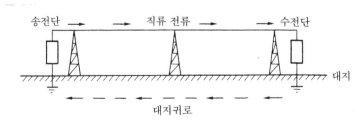

그림 2.3 직류 송전 계통

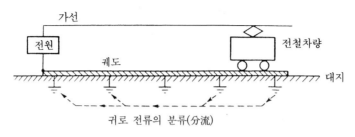

그림 2.4 궤도 귀로 ── 준대지 귀로

　기능적 접지의 특징은 접지 전극에 상시 부하 전류가 흐른다는 점이다. 물기가 있는 땅속에 매립된 접지 전극에 상시 전류가 흐르기 때문에 전기 화학적 현상이 반드시 일어난다. 특히 직류인 경우에는 그러한 현상이 격심하기 때문에 접지 전극의 설계에 있어서 충분히 유의해야 한다.

　그런데 대지 귀로를 채택하면 반드시 기능적 접지가 필요하게 된다. 즉, 대지 귀로와 접지는 불가분의 관계에 있다. 여기에서 관련 사항으로서 준대지(準大地) 귀로에 대해 소개하고자 한다.

　교류 직류에 상관없이 전기 철도에서는 모터 회로의 귀로로 궤도(레일)를 사용하고 있다(**그림 2.4**). 즉, **궤도 귀로**이다. 그러나 철도의 레일은 대지에 절연되어 있지 않고 자연적으로 **다중 접지**된다.

　따라서 궤도 귀로와 병행하여 대지 귀로도 동시에 가능하다. 통상적으로는 대부분의 전류는 궤도를 따라 흐르지만 어떤 조건에서는 일부의 전류가 대지로 분류(分流)될 수 있다. 이것이 **준대지 귀로**라 칭하는 이유이다.

　이상의 기능적 접지에서는 접지 전극에 부하 전류가 흐른다. 말하자면 이것은 **동적인 기능적 접지**이다. 이에 대응하여 정적인 기능적 접지가 있다.

　대지의 중요한 기능으로서 **전위 안정성**이 있다. 지구상에 있는 모든 인공 설비와 비교했을 경우 지구의 크기는 무한대로 볼 수 있다.

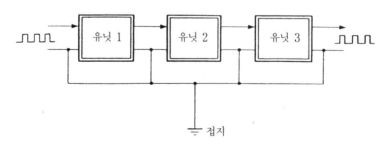

그림 2.5 안정된 전위의 기준점 공급 ── 정적인 기능적 접지

따라서 도체구인 지구는 거의 무한대의 정전 용량을 가지고 있어 아무리 충전을 해도 전위는 올라가지 않는다.

컴퓨터나 고감도 계측장치에서는 정보를 전압의 형태로 주고 받는 경우가 많다. 디지털, 아날로그를 불문하고 전압에 의해 정보를 주고 받는 경우는 안정된 전위의 기준점이 필수적이다. 이 기준점을 공급하는 것이 **정적인 기능적 접지**(그림 2.5)이다. 지구상에서 생활하는 우리에게 가장 안정된 전위의 기준점은 바로 지구가 된다.

문제는 자동차와 같은 이동체, 비행기·로케트·인공위성 등 비행체의 경우인데 이것들은 대지에 고정시키는 접지를 할 수가 없다. 그래서 이러한 경우는 차체나 기체와 같은 그 계(系)에 있어 최대의 도체에 접지를 한다. 이것을 **보디 어스**(body earth)라 한다. 보디는 **의사적**(疑似的) **대지**로서 실제 대지를 대신한다.

그런데 실제 대지에서나 의사적 대지에 있어서도 상술한 전위의 안정성은 어디까지나 매크로이면서 정상 상태로 가정한 경우이다. 부분에 주목하고 또한 순간적 현상도 고려한다면 전위는 결코 한결같지 않고 시시각각으로 변화하고 있다. 여기에 접지에 관련되는 각종 트러블의 원인이 있고 동시에 트러블 억제의 노하우도 생긴다.

이미 지적한 바와 같이 지구는 거대한 콘덴서로서의 기능을 하는 이른바 거대한 포용력을 갖춘 전기팬(pan)이다. 따라서 **지구는 쓸데없는 전기를 버리는 장소**로서 적격이며 실제로 이 목적을 위해 많이 이용되고 있다. 피뢰침이나 피뢰기가 전형적인 예일 것이다.

근래에 들어 각종 전자장치의 전원 도입부에 **라인 필터**가 흔히 장착되고 있다(**그림 2.6**). 이 라인 필터는 전원선을 통해서 쓸데없는 노이즈가 전자장치에 들어가지 않도록 하기 위함이다.

즉 전원의 각 선과 대지와의 사이에 콘덴서를 설치하여 노이즈를 대지로 흘려버리는 것이다. 따라서 각 라인 필터에는 라인 필터용 접지가 필요하다.

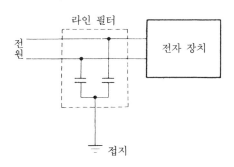

그림 2.6 라인 필터

　자동차의 차체는 타이어에 의해서 대지로부터 절연되어 있어서 자동차의 차체에는 주행중에 마찰에 의해서 발생한 정전기가 축적될 우려가 있다. 석유 정제소의 구내로 들어가는 탱크 롤리는 구내 바로 앞에서 차체를 일시적으로 접지하여 축적된 정전기를 방출시킨다(**그림** 2.7). 이것은 **정전기용 접지**이다. IC, LSI 공장에서도 정전기는 큰 골칫거리로 정전기가 한 곳에 축적되지 않도록 정전기용 접지가 필요하다.

　마지막으로 **안테나의 접지**가 있다. 이것은 기능적 접지이다. 관련해서 **실드 룸의 접지**나 **전자 레인지의 접지**가 있지만 이것들은 쓸데없는 전자파 에너지를 대지로 방출시키기 위한 접지이다.

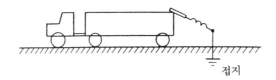

그림 2.7 탱크 롤리와 정전기용 접지
(구내로 들어가기 전에 정차한 후 접지
단자를 접촉시켜 정전기를 방출시킨다)

3. 접지란 무엇인가

그림 3.1은 **접지의 개념도**이다.

접지가 필요한 설비에는 전력설비, 통신설비, 컴퓨터, 피뢰설비, 전기 방식설비 등 다양한 설비가 있다. 접지를 하는 목적도 안전을 위한 것이 있는가 하면 통신을 명료하게 하기 위한 것도 있고 대지를 회로의 일부로서 이용하기 위한 접지도 있다.

목적이 무엇이든 접지를 하는 데에는 대지에 전기적 단자를 설치해야 한다. 접지에서 이 단자의 역할을 하는 것이 **접지 전극**으로 보통 지중에 매설되는 도체가 사용된다. 접지되는 설비와 접지 전극을 연결하는 전선을 **접지선**이라 한다.

접지되어 있는 설비로부터 접지선, 접지 전극을 거쳐 대지로 흘러 들어가는 전류를 **접지 전류**라 한다.

접지에서 대지와의 접속 불량을 나타내는 지표가 **접지 저항**이다. 접지 저항이 낮을수록 대지와의 접속이 양호하게 실현된다.

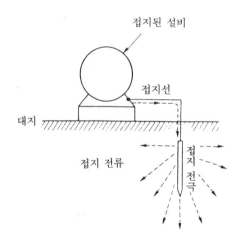

그림 3.1 접지의 개념도

4. 접지 저항의 정의

접지 저항은 이론적으로 다음과 같이 정의되고 있다.

「하나의 접지 전극이 있고 여기에 접지 전류 I[A]가 흘러 들고 있다고 하자(그림 4.1 (a)). 접지 전극에 접지 전류가 유입되면 접지 전극의 전위는 접지 전류가 유입되기 전에 비해 E[V]만큼 높아진다(그림 4.1 (b)). 이때 E/I[Ω]을 그 접지 전극의 접지 저항으로 한다.」

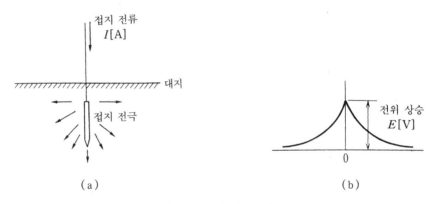

그림 4.1 접지 저항의 정의

이 정의에는 다음과 같은 두 가지 부대조건이 있다.

(1) 접지 전극에 접지 전류를 흘리기 위해서는 별도로 또 하나의 접지 전극을 대지에 박아야 한다. 그리고 이 두 개의 접지 전극 사이에 전원을 넣어 접지 전류를 흘린다(**그림 4.2**). 이 제2의 전극을 **귀로 전극**이라 한다. 접지 저항을 정의할 경우 귀로 전극은 충분한 거리를 두고 박아서 그것이 주접지 전극에 주는 영향은 무시할 수 있도록 하고 있다. 또한 전원은 직류로 하며 직류 전류에 의해서 발생하는 전기 화학적 현상은 무시한다.

(2) 접지 전극의 전위 상승은 무한 거리를 **기준**으로 하여 측정한다. 무한 거리란 접지 전류에 의해서 전위가 변동되지 않는 점을 말한다. 즉, 통전 전의 상태가 변하지 않는 장소에서 측정되어야 한다는 것이다. **그림 4.3**에 나타낸 바와 같이 전위 측정의 기준점을 접지 전극에 너무 가깝게 잡으면 기준점 그 자체의 전위가 접지 전류에 의해서 약간(ΔE) 상승되어 그 만큼 전위 상승 측정에 오차가 발생하게 된다.

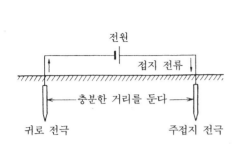

그림 4.2 리턴 전극

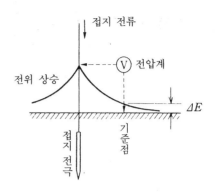

그림 4.3 전위 측정의 기준점을 접지 전극 가까이에 잡으면 ΔE의 오차가 생긴다

5. 접지 저항의 일반적 성질

접지 저항은 구체적으로 다음과 같이 세 가지 구성 요소로 성립된다.

(1) 접지선의 저항 및 접지 전극 자체의 저항

(2) 접지 전극의 표면과 이것에 접하는 토양간의 접촉 저항

(3) 전극 주위의 대지에 나타나는 저항

이들 세 가지 구성 요소 가운데 (3)이 가장 중요하다. **접지 저항의 주요 부분은 전극을 둘러싼 대지에 나타나는 저항이다.**

대지를 통한 전기 전도는 단면적이 매우 크기 때문에 그 저항은 무시할 정도로 작다고 생각하는 경향이 있다. 확실히 접지 전극에서 상당히 떨어지면 전류 경로의 단면적이 매우 커지게 되므로, 토양의 도전성이 상당히 나쁨에도 불구하고 그 저항은 무시할 정도로 작아진다.

그러나 접지 전극 가까이에서는 크기가 유한한 접지 전극에서 접지 전류가 흘러 나가고 있기 때문에 그 전류 경로의 단면적이 좁아져 접지 전류에 대해 일정한 저항을 보이게 된다(**그림 5.1**).

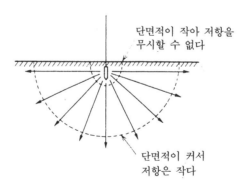

그림 5.1 **전류 경로의 단면적과 저항의 관계**

접지 저항에 영향을 주는 요인으로서 가장 중요한 것은 접지 전극 주위의 대지 저항률이다. **대지 저항률**이란, 요컨대 대지 속 두 지점간의 전기 통과 난이성의 기준이다. 접지 저항에 영향을 주는 요인으로서 대지 저항률 다음으로 중요한 것은 **접지 전극의 형상과 치수**이다.

어떠한 접지 전극의 형상과 치수가 정해지면 그 전극의 접지 저항은 다음과 같은 식으로 표현된다.

$$R = \rho \cdot f \,(\text{형상, 치수})$$

여기서 R은 접지 저항, ρ는 대지 저항률이다. f(형상, 치수)는 전극의 형상과 치수로써 정해지는 함수이다. 또한 위 식에서 전극 주위의 대지는 무한 거리까지 저항률이 일정한 것으로 가정한다.

위 식에서 명백한 바와 같이 접지 저항은 대지 저항률에 비례한다. 즉 동일 형상, 동일 치수인 전극의 경우 대지 저항률이 낮을수록 낮은 접지 저항을 얻을 수 있다.

또, 함수 f는 전극의 형상이 구체적이지 않으면 정할 수 없다. 전극의 형상이 일정하고 크기가 **그림 5.2**와 같이 닮은 꼴로 변하는 경우 접지 저항 R은 다음과 같은 식으로 표현된다.

$$R = k\,\frac{\rho}{l}$$

여기서 l은 전극의 규모를 표시하는 특징적인 치수이고 k는 형상으로써 정해지는 계수이다. l은 그림 5.2의 반구상 전극의 반경과 같이 단적으로 규모를 대표하는 길이이다. k는 형상이 동일하면 불변의 계수로 무차원이다.

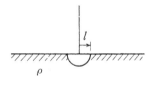

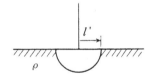

그림 5.2　접지 전극의 형상은 일정하고 크기가 상사적으로 변하는 경우

위 식에서 대지 저항률이 일정한 경우 형상이 바뀌지 않으면 접지 저항은 규모가 커질수록 낮아진다는 것을 알 수 있다. 이 법칙은 접지 전극의 설계상 중요한 지침으로써 모형 전극에 의한 접지 저항을 추정할 때에도 지배적인 원리로 작용한다.

6. 대지 저항률에 대한 지식

접지 전극의 접지 저항은 그 공사가 시행되는 지점의 대지 저항률에 비례한다. **대지 저항률이 낮은 지점일수록 낮은 접지 저항을 얻기 쉽다.** 따라서 **접지 전극의 설계와 시공에 있어서 공사 지점의 대지 저항률을 안다는 것은 매우 중요하다.**

대부분의 토양은 완전히 건조된 상태에서는 전기를 통과시키지 않는 절연물이다. 단, 자연계의 토양은 완전히 건조되어 있지 않고 얼마간의 수분을 반드시 포함하고 있다.

여기서 토양에 물이 포함되어 있다면 토양의 저항률은 대폭적으로 저하되어 도체로 된다. 일반적으로 **수분이 많이 포함된 토양일수록 저항률이 낮다.** 그러나 토양이 도체로 된다고 하더라도 금속에 비하면 매우 성질이 약해 **반도체**라 하는 편이 옳을 것이다. **그림 6.1**에 각종 물질의 저항률을 표시하였다. 동의 저항률이 약 $10^{-8}\,\Omega \cdot$m임에 대해 토양의 대표적인 저항률은 약 $10^2\,\Omega \cdot$m 정도로 양자간에는 상당한 차이가 있음을 알 수 있다.

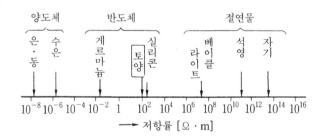

그림 6.1 각종 물질의 저항률(상온)

접지 전극의 설계에 있어서 전극 자체의 저항이 거의 문제가 되지 않는 것도 금속의 저항률이 주위의 대지에 비해 훨씬 낮기 때문이다.

토양의 저항률에 큰 영향을 주는 요인으로서 수분 이외에 **온도**가 있다. **표 6.1**은 온도에 따른 토양의 저항률 변화 및 비율을 나타낸 것이다. 20℃에서 −15℃까지 온도가 변화했을 경우 동일한 토양이면서도 저항률은 459배의 증가를 보이고 있다. 이것은 물(얼음을 포함)의 저항률이 온도에 따라 민감하게 변하기 때문이다.

자연계 토양의 저항률은 함수율(含水率)이나 온도 등 다양한 요인에 지배되고 끊임없이 변동한다. 또한 날씨, 계절에 따라 크게 변화되며, 일반적으로 **여름에는 낮고 겨울에는 높다.**

표 6.1 토양의 온도와 저항률

(수분이 15.2%(중량 백분율)인 토양)

온 도	대지 저항률 $[\Omega \cdot m]$	비 율
20℃	72	1.0
10℃	99	1.4
0℃	130	19
0℃ (얼음)	300	42
-5℃ (얼음)	790	110
-15℃	3,300	459

 특정한 종류의 토양에 관하여 그 저항률을 명시한다는 것은 곤란하다. 즉, 「점토는 몇 $\Omega \cdot m$의 저항률을 가진다」라는 것과 같은 표현은 할 수 없다. 왜냐하면 동일한 점토라도 장소와 시간에 따라 저항률이 크게 달라지기 때문이다. 대지 저항률을 정확하게 알기 위해서는 현지에서 측정하는 것이 정확하다. 또 길이와 지름을 알고 있는 접지봉 한 개를 박고 그 접지 저항을 측정하여 그 값으로부터 접지 저항 공식(후술)을 사용하여 역산(逆算)해도 된다.

 표 6.2에 저항률에 의한 대지의 분류를 나타내었다. 대지 저항률이 1,000$\Omega \cdot m$를 초과하는 장소는 고저항률 지대로서 이러한 장소에서는 접지 공사가 매우 곤란하게 된다.

 대지는 일반적으로 층상 구조를 이루고 있고 지층에 따라 저항률의 변화는 상당히 심하다. 따라서 대지 저항률은 깊이에 따라 변화하는 경우가 많다. 대지는 매우 불균질한 물질이다.

표 6.2 저항률에 의한 대지의 분류

분 류	저항률 $\rho[\Omega \cdot m]$의 범위	특 징
저 저 항 률 지 대	$\rho < 100$	항상 토양 속에 충분한 물이 함유되어 있는 하구나 해안의 낮은 지역
중 저 항 률 지 대	$100 \leq \rho < 1,000$	지하수를 얻는 데에 어려움이 없는 내륙의 평야지역
고 저 항 률 지 대	$1,000 \leq \rho$	물이 잘 빠지는 구릉지대, 산록, 고원

7. 반구상 접지 전극의 접지 저항

그림 7.1에 나타낸 바와 같이 반경 r[m]인 반구상 접지 전극이 지표면에 매설되어 있다고 하자. 주위의 대지는 무한 거리까지 균질 등방성이고 그 저항률을 ρ[Ω·m]로 한다.

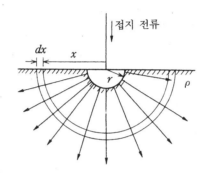

그림 7.1 반구상 접지 전극

이 경우 반구상 접지 전극의 접지 저항을 R[Ω]으로 하면 그것은 다음과 같이 표현된다.

$$R = \frac{\rho}{2\pi r} \quad [\Omega]$$

이 식은 다음과 같이 유도된다.

지금 이 반구상 접지 전극에 접지 전류가 유입되고 있다고 하자. 귀로 전극이 충분한 거리에 있다고 한다면, 이 접지 전류는 반구상 접지 전극에서 지중으로 방사상으로 확산되어 간다.

지중에 반구상 접지 전극과 동심이면서 반경 x인 반구를 설정한다. 그리고 지중에 반구 전극과 동심이면서 반경 $x + dx$인 반구를 설정한다. 그렇게 하면 지중에 내경 x, 두께 dx인 주발 모양을 얻을 수 있다.

접지 전류는 이 주발의 내면에서 외면으로 향해 흐르고 있다. 따라서 이 주발의 저항 값을 dR로 하면

$$dR = \rho \frac{dx}{2\pi x^2}$$

즉, 주발을 저항률이 ρ의 재료로 만든, 길이 dx, 단면적 $2\pi x^2$인 저항체로 본 것이

다. $2\pi x^2$은 반구의 표면적이다.

이러한 저항체가 반구상 접지 전극의 표면($x=r$)에서 무한 원격($x\rightarrow\infty$)까지 직렬로 접속된 것으로 본다.

따라서 접지 저항 R은 dR을 $x=r$에서 ∞까지 적분한 값과 같다.

$$R = \int_{x=r}^{\infty} dR = \frac{\rho}{2\pi} \int_{r}^{\infty} \frac{dx}{x^2} = \frac{\rho}{2\pi r}$$

반구상 전극의 접지 저항에 관하여 다른 방법으로도 똑같은 결과를 얻을 수 있다.

반구상 접지 전극에 유입되고 있는 접지 전류 I[A]는 반구상 전극에서 지중으로 방사상으로 확산되어 간다.

반구상 전극의 중심에서 거리 x인 지중점의 전류 밀도를 i로 하면

$$i = \frac{I}{2\pi x^2}$$

같은 점의 전계를 E로 하면 $E=\rho i$의 관계에서

$$E = \frac{\rho I}{2\pi x^2}$$

반구상 접지 전극의 전위 V는 무한 거리를 영(0)전위로 했을 경우

$$V = -\int_{x\rightarrow\infty}^{r} E dx = -\frac{\rho I}{2\pi} \int_{\infty}^{r} \frac{dx}{x^2} = \frac{\rho I}{2\pi r}$$

무한 거리를 기준으로 한 접지 전극의 전위 상승값을 그 때의 접지 전류로 나누면 접지 저항이 구해진다. 따라서

$$R = \frac{\rho}{2\pi r}$$

또한 무한 거리를 기준으로 한 반구 전극의 전위 상승값에 관하여 여기에서 얻어진 다음과 같은 표현도 중요하다.

$$V = \frac{\rho I}{2\pi r}$$

8. 접지 전극의 저항 구역

앞 절에서 지적한 바와 같이 반구상 접지 전극의 중심에서 거리 x인 곳에 있는 두께 dx의 주발의 저항을 dR로 하면 그것은 다음과 같이 표현된다.

$$dR = \rho \frac{dx}{2\pi x^2}$$

지금 전극의 중심에서 거리 r_1까지에 포함되는 지중의 저항을 R_1이라 하면(**그림 8.1**),

$$R_1 = \int_{x=r}^{r_1} dR = \frac{\rho}{2\pi} \int_r^{r_1} \frac{dx}{x^2} = \frac{\rho}{2\pi}\left(\frac{1}{r} - \frac{1}{r_1}\right)$$

마찬가지로 반구상 접지 전극의 접지 저항 R은

$$R = \frac{\rho}{2\pi r}$$

여기에서 R_1과 R의 비를 α로 하면

$$\alpha = \frac{R_1}{R} \times 100 = \left(1 - \frac{r}{r_1}\right) \times 100 \ [\%]$$

표 8.1은 위 식에 따라 r_1과 α의 관계를 계산한 결과이다. r_1은 r의 배수로 표현되고 있다. r_1과 α의 관계를 그래프화한 것이 **그림 8.2**이다.

표 8.1과 그림 8.2를 보면 전극으로부터의 거리 r_1이 증가하면 전체 저항 R 중에서 r_1까지 포함되는 분 R_1이 점차로 증가한다는 것을 알 수 있다. 저항이 증가되는 상태를 보면, 처음에는 빠르게 증가해서 전극 반경의 2배까지의 거리($r_1 = 2r$)에 전체 저항의 50%가 포함되어 있다.

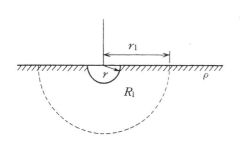

그림 8.1 저항 구역의 유도

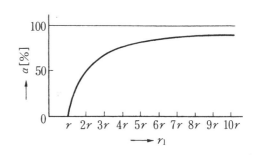

그림 8.2 r_1과 α의 관계

그 후에는 점점 완만해 진다. 엄밀하게 말하면 거리가 무한대로 되지 않으면 전체 저항을 포함할 수는 없다.

그러나 실용적으로는 접지 저항의 대부분은 전극 가까이에 포함되어 있으므로 그 부분의 지표면을 **저항 구역**이라 한다. 반구상 접지 전극인 경우 전체 저항의 50%까지를 저항 구역에 포함시키기로 한다면 $2r$까지가 저항 구역이 된다.

또 전체 저항의 90%까지라 정하면 $10r$까지가 저항 구역이 된다. 이상은 반구상 전극의 예이지만 다른 형상의 경우도 거의 마찬가지이다. 다른 형상의 전극인 경우는 후술하는 「등가 반경」을 이용하면 된다.

표 8.1 r_1과 α의 관계

r_1	$\alpha[\%]$	$\varDelta\alpha[\%]$
r	0	
$2r$	50	50
$3r$	67	17
$4r$	75	8
$5r$	80	5
$6r$	83	3
$7r$	86	3
$8r$	88	2
$9r$	89	1
$10r$	90	1
$20r$	95	

$(\varDelta\alpha$는 α의 증가분$)$

9. 접지 전류에 의한 대지 전위 상승

접지 전극에 접지 전류가 흐르면 접지 전극 뿐만 아니라 그 주위의 대지에도 전위가 분포한다. 안전상 중요한 것은 지표면의 전위 분포이다.

이미 지적한 바와 같이 반구 전극의 중심에서 거리 x인 곳의 저항 요소 dR은 다음과 같이 표현되었다.

$$dR = \rho \frac{dx}{2\pi x^2}$$

따라서 거리 x인 점에서 무한 원격까지에 포함되는 전체 저항을 R_x라 하면(**그림 9.1** 참조), 그것은 dR을 x에서 ∞까지 적분하면 얻어지므로

$$R_x = \int_x^\infty dR = \frac{\rho}{2\pi} \int_x^\infty \frac{dx}{x^2} = \frac{\rho}{2\pi} \left[-\frac{1}{x} \right]_x^\infty = \frac{\rho}{2\pi x}$$

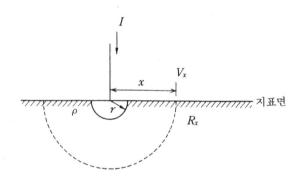

그림 9.1 대지 전위 상승의 계산

x점의 전위를 V_x(무한 거리를 기준으로 함)로 하면 그것은 R_x에 접지 전류 I를 곱하면 얻어지므로

$$V_x = \frac{\rho I}{2\pi x}$$

이것이 지표면의 전위 분포로서 **그림 9.2**와 같은 분포로 된다. V_x에 대해 $x=r$로 하면 반구상 전극 자체의 전위 V로 된다. 즉

$$V = \frac{\rho I}{2\pi r}$$

위 식은 반구상 접지 전극의 접지 저항을 구할 때에 얻어진 표현과 일치한다.

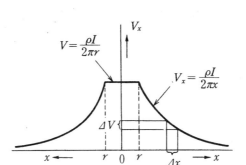

그림 9.2 접지 전류에 의한 대지 전위 상승

   그림 9.2에서 알 수 있듯이 대지 전위는 접지 전극으로부터의 거리에 반비례하여 멀어질수록 저하된다. 중앙의 평탄한 부분은 접지 전극이 존재하는 부분이다. 지상에 보폭 Δx로 세워져 있으면 양발 사이에 ΔV만큼의 전압이 걸릴 가능성이 있다. **ΔV를 보폭 전압**이라 한다.

   접지 전극에는 여러가지 원인에 의해 접지 전류가 유입된다. 옥외 설치된 송배전선의 접지 전극에는 뇌격 전류가 유입된다. 옥내의 전기 설비에 연결된 접지 전극에는 지락 사고가 날 때에 지락 전류가 유입된다. 이따금 접지 전극에 접지 전류가 유입되었을 때 접지 전극 가까이에 서 있는 사람은 보폭 전압에 의해서 감전될 우려가 있다. 여기에서 중요한 것은 전위 그 자체보다도 오히려 **전위 경도**이다. 또 전위를 미분하면

$$\frac{dV_x}{dx} = -\frac{\rho I}{2\pi x^2}$$

위 식에서 알 수 있듯이 전위 경도는 전극에서의 거리 x의 제곱에 반비례한다. 즉, 전위 경도는 전극 부근에서 가장 크고 이후에는 전극에서 멀어짐에 따라 급속하게 저하된다. 이론적으로는 무한 원격까지 가지 않으면 전위 경도는 0이 되지 않지만, 현실적으로 어느 정도 거리까지 멀어지면 전위 경도의 위험성은 거의 희박하다.

   전극을 중심으로 위험한 전위 경도가 발생하는 범위를 **금지 구역**이라 한다. 즉, 이 구역에 들어가면 위험하므로 출입을 금지하는 구역이다. 금지 구역의 크기는 그 지점의 대지 저항률 및 접지 전류에 따라 변한다. 전위 경도는 ρ에 비례하므로 대지 저항률이 높은 지점에서는 금지 구역이 넓어진다. 마찬가지로 전위 경도는 I에도 비례하므로 발생하는 접지 전류가 클수록 금지 구역도 광범위해진다. 접지 전류가 직격뢰일 경우는 매우 큰 전류가 흐르게 되므로 금지 구역도 상당히 넓어지게 된다. 또 최근의 변전소에서는 지락 고장 전류도 커지고 있어 그에 따른 금지 구역도 상당히 넓어지고 있다.

10. 전구상 접지 전극

그림 10.1과 같이 반경 r[m]인 전구상 접지 전극이 지중에 깊게 매설되어 있다고 하자. 지표면 및 귀로 전극은 충분한 거리에 있다고 본다.

그렇게 하면 전구 접지 전극에서 유출하는 접지 전류는 방사상으로 확산되어 간다. 전극 주위의 대지는 균질 등방성으로서 그 저항률을 ρ[$\Omega \cdot$ m]로 한다.

전구 전극의 접지 저항을 R[Ω]로 하면 R은 다음과 같이 표현된다.

$$R = \frac{\rho}{4\pi r} \ [\Omega]$$

이 식은 다음과 같이 유도된다.

그림 10.1과 같이 지중에 전구상 접지 전극과 동심이면서 반경 x의 전구를 설정한다. 또한 지중에 전구 전극과 동심이면서 반경 $x+dx$의 전구를 설정한다. 그렇게 하면 지중에 내경 x, 두께 dx인 속이 빈 구를 얻을 수 있다.

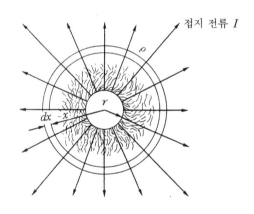

접지 전류 I

그림 10.1 전구상 접지 전극

접지 전류는 이 구의 내면에서 외면을 향하여 흐르고 있다. 따라서 이 구의 저항값을 dR로 하면

$$dR = \rho \frac{dx}{4\pi x^2}$$

이러한 저항 요소가 전구상 접지 전극의 표면($x=r$)에서 무한 거리($x \to \infty$)까지 직렬로 접속되어 있다고 본다. 따라서 전구상 접지 전극의 접지 저항 R은 저항 요소 dR을 $x=r$에서 ∞까지 적분한 값과 같다.

$$R = \int_{x=r}^{\infty} dR = \frac{\rho}{4\pi} \int_{r}^{\infty} \frac{dx}{x^2} = \frac{\rho}{4\pi r}$$

이것이 위에서 적은 전구 전극의 접지 저항이다.

반구 전극의 경우와 마찬가지로 전구 전극의 접지 저항에 관하여도 다른 방법으로 똑같은 결과를 얻을 수 있다.

즉, 전구상 접지 전극에서 지중으로 유출되고 있는 접지 전류를 I[A]는 전극에서 지중으로 방사상으로 확산되어 간다.

전구 전극의 중심으로부터 거리 x인 지중점의 전류 밀도를 i로 하면

$$i = \frac{I}{4\pi x^2}$$

같은 점의 전계를 E로 하면 $E = \rho i$의 관계로부터

$$E = \frac{\rho I}{4\pi x^2}$$

전구상 접지 전극의 전위 V는 무한 거리를 0전위로 했을 경우

$$V = -\int_{x \to \infty}^{r} E dx = -\frac{\rho I}{4\pi} \int_{\infty}^{r} \frac{dx}{x^2} = \frac{\rho I}{4\pi r}$$

무한 거리를 기준으로 한 접지 전극의 전위 상승값을 그 때의 접지 전류로 나누면 접지 저항이 구해진다. 따라서

$$R = \frac{\rho}{4\pi r}$$

이미 지적한 바와 같이 전구 전극의 중심에서 거리 x인 곳의 저항 요소 dR은 다음과 같이 표현되었다.

$$dR = \rho \frac{dx}{4\pi x^2}$$

따라서 거리 x인 곳에서 무한 거리까지 포함되는 전체 저항을 R_x로 하면 그것은 dR을 x에서 ∞까지 적분하면 얻어지므로

$$R_x = \int_{x}^{\infty} dR = \frac{\rho}{4\pi} \int_{x}^{\infty} \frac{dx}{x^2} = \frac{\rho}{4\pi}$$

x점의 전위를 V_x로 하면 그것은 R_x에 접지 전류 I를 곱하면 얻어지므로

$$V_x = \frac{\rho I}{4\pi x}$$

이것이 지중의 전위 분포이다.

11. 전공간 문제와 반공간 문제

반구상 접지 전극의 경우와 같이 지표면을 경계로 하여 전공간(全空間)의 반이 저항률 ρ의 매질로 채워져 있다고 하자. 이러한 문제 설정을 **반공간 문제**라 한다.

이에 대하여 전구 전극의 경우와 같이 지중에 깊게 매설되어 지표면의 영향을 무시할 수 있도록 설정된 문제를 **전공간 문제**라 한다. 전공간 문제에 있어서는 공간은 모든 방향으로 무한 거리까지 저항률 ρ의 매질로 채워져 있다고 한다.

지금 반구 전극의 경우와 같이 지표면에 임의의 형상 치수를 갖는 접지 전극이 매설되어 있다고 한다면(**그림** 11.1 (a)), 이것은 반공간 문제의 하나에 해당된다. 이 때 접지 저항을 R이라 하고 주위의 대지는 저항률 ρ로 한다.

다음에 위의 문제에 있어서 접지 전극에 지표면에 관하여 대칭인 부분을 추가한다(그림 11.1 (b)). 이 부분은 후술하는 **영상법**(影像法)에서의 **영상**에 해당한다. 그리고 전공간을 저항률 ρ의 매질로 채운다. 영상을 포함시킨 접지 전극의 접지 저항을 R'로 한다. 이것은 전공간 문제에 해당된다.

일반적으로 R'는 R의 반이다.

$$R' = \frac{R}{2}$$

이유는 전공간 문제에서는 접지 전류의 통과 단면적이 반공간 문제의 두 배이기 때문이다.

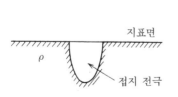

(a) 반공간 문제 : 접지 저항 R

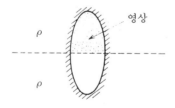

(b) 전공간 문제 : 접지 저항 $R' = \dfrac{R}{2}$

그림 11.1 전공간 문제와 반공간 문제

12. 접지 저항과 정전 용량

그림 12.1과 같이 균질 등방성 대지(저항률 ρ) 속에 임의의 형상 치수를 갖는 접지 전극이 매설되어 있어 그 **접지 저항을** R로 한다.

지금 전극의 형상 치수를 그대로 하고 주위의 매질이 유전율 ε인 절연물이라고 한다. 그렇게 하면 전극은 **정전 용량** C를 가진다.

이 경우 R과 C 사이에는 다음과 같은 일정한 관계가 있다.

$$R = \frac{\varepsilon\rho}{C}$$

따라서 **정전 용량** C를 이미 알고 있는 전극에 관해서는 위 식에 의해 그 접지 저항 R을 구할 수 있다. 이것은 **전공간 접지 저항**이다.

전구를 예로서 설명한다.

유전율 ε의 매질 속에 있는 반경이 r인 전구의 정전 용량 C는 전자기학에 기초하여 다음과 같은 식으로 얻어진다.

$$C = 4\pi\varepsilon r$$

저항률 ρ의 도전성 매질 속에 있는 반경이 r인 전구의 접지 저항 R을 위의 정전 용량식으로부터 구하면

$$R = \frac{\rho}{4\pi r}$$

이것은 이미 다른 방법으로 구한 전구의 접지 저항식과 일치한다.

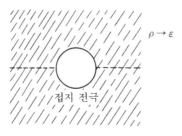

그림 12.1 접지 저항과 정전 용량

13. 중합과 영상법-매설 깊이의 영향

그림 13.1에 나타낸 바와 같이 지표면에서 d[m]의 깊이에 반경 r[m]인 전구(全球) 전극이 매설되고 있다고 하자. 주위의 대지는 균질 등방성으로 저항률을 ρ[Ω·m]로 한다. 이미 구한 바와 같이 전구 전극이 지표면에서 충분히 깊게($d \to \infty$) 매설되어 있는 경우에는 전공간 문제로 취급할 수 있으므로 그 접지 저항 R은 다음과 같이 얻어지고 있다.

$$R = \frac{\rho}{4\pi r}$$

대조적으로 매설 깊이 d가 0인 경우에는 지표면에 반구 전극이 매설되어 있는 것과 같아진다. 따라서 그 접지 저항 R'는 다음과 같다.

$$R' = \frac{\rho}{2\pi r}$$

매설 깊이 d를 0에서 ∞까지의 값에서 취하는 경우에 접지 저항은 R'와 R의 중간 값임을 예상할 수 있다. 엄밀하게 접지 저항을 계산한다는 것은 어렵지만 **중합과 영상법**을 사용해서 개략적인 계산은 할 수 있다.

그림 13.1에 나타낸 바와 같이 지표면에서 높이 d[m]에 반경 r[m]인 제2의 전구 전극을 도입하여 전공간을 저항률 ρ의 매질로 채운다. 제2의 전극이 **영상법**에서의 **영상**에 해당한다. 제1의 접지 전극을 이후에서는 주접지 전극이라 부른다.

양쪽 전극에서 각각 지중으로 전류 I[A]가 유입되고 있다고 한다. 이것은 **지표면의 영향을 영상의 도입으로 대체한 것이다.**

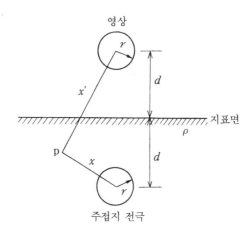

그림 13.1 매설 깊이의 영향

그림 13.1에 나타낸 바와 같이 양쪽 전극의 중심에서 거리 x, x'의 지중점을 p로 하고 그 전위를 V_p로 하면 **중합의 원리**에 의해 V_p는 다음과 같이 표현된다.

$$V_p = \frac{\rho I}{4\pi} \left(\frac{1}{x} + \frac{1}{x'} \right)$$

p점을 주접지 전극의 표면에 잡으면 그 전위 V가 다음과 같이 정해진다.

$$V = \frac{\rho I}{4\pi} \left(\frac{1}{r} + \frac{1}{2d} \right)$$

단, $2d \gg r$로 한다.

따라서 주접지 전극의 접지 저항 R이 다음과 같이 정해진다.

$$R = \frac{\rho}{4\pi r} \left(1 + \frac{r}{2d} \right)$$

위 식에서 $d \to \infty$로 하면 전공간 문제에서의 접지 저항이 된다. 따라서 위 식에서 괄호내의 제2항은 지표면이 가깝기 때문에 접지 저항의 상승분이라 볼 수 있다. 그 상승분은 r과 d의 비에 의해서 결정된다.

표 13.1에 d/r에 따른 접지 저항의 변화를 나타내었다.

표 13.1 d/r에 따른 접지 저항의 변화
―― 매설 깊이의 영향

d/r	$1 + \frac{r}{2d}$
2	1.250
5	1.100
10	1.050
15	1.033
20	1.025
25	1.020
30	1.017
35	1.014
40	1.013

14. 병렬 접지와 집합 효과

그림 14.1에 나타낸 바와 같이 복수의 접지 전극을 공사하여 병렬로 접속하게 된다. 이것을 **병렬 접지**라 한다.

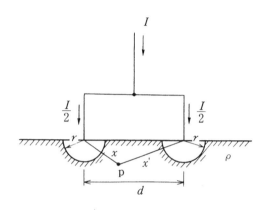

그림 14.1 병렬 접지

예를 들면, 저항값이 R[Ω]인 두 개의 집중 상수 저항을 병렬 접속했을 경우, 병렬 저항 공식에 따라서 그 합성 저항값은 $R/2$[Ω]이 된다.

접지의 경우 접지 저항값이 R[Ω]인 접지 전극 두 개를 병렬 접속했을 때, 합성 접지 저항값은 $R/2$[Ω]이 되지 않고 일반적으로 $R/2$[Ω]보다 약간 커지게 된다. 게다가 접지 전극의 간격이 좁아지면 접지 저항의 상승이 더욱 커지게 된다. 이러한 현상을 **집합 효과**라 한다.

그림 14.1에 나타낸 두 개의 반구상 접지 전극에 의해 집합 효과를 설명한다. 각 접지 전극의 반경을 r, 접지 전극의 간격을 d, 주위 대지의 저항률을 ρ로 한다.

이 접지 전극계에 유입되고 있는 전접지 전류를 I로 한다. 각 접지 전극에는 $I/2$의 전류가 유입된다.

지중에 임의의 점 p를 설정하고 각 접지 전극에서의 거리를 x, x'로 한다. p점의 전위를 V_p로 하면 그것은 중합에 의해

$$V_p = \frac{\rho\left(\dfrac{I}{2}\right)}{2\pi x} + \frac{\rho\left(\dfrac{I}{2}\right)}{2\pi x'}$$

p점을 한쪽의 반구 전극 표면에 설정하면 접지 전극계의 전위 V가 정해진다.

$$V = \frac{\rho I}{4\pi} \left(\frac{1}{r} + \frac{1}{d} \right)$$

여기에서 이 접지 전극계의 접지 저항 R이 다음과 같이 구해진다.

$$R = \frac{\rho}{4\pi r} \left(1 + \frac{r}{d} \right)$$

여기서 $d \gg r$로 한다. 위 식에서 괄호내의 두 번째 항이 집합 효과를 나타내는데, 집합 효과는 d/r에 따라 변한다. 표 14.1에 d/r와 집합 효과의 관계를 나타내었다.

표 14.1 d/r에 따른 집합 효과의 변화

d/r	$1 + \dfrac{r}{d}$
2	1.500
5	1.200
10	1.100
20	1.050
40	1.025
50	1.020
100	1.010

15. 회전 타원체 접지 전극(편평)

접지 저항을 이론적으로 엄밀하게 구할 수 있는 접지 전극으로서 **회전 타원체 접지 전극**이 있다. 다른 형상의 접지 전극에 관해서도 접지 저항 공식을 보면 회전 타원체의 공식으로부터 도입한 것이 상당히 많다. 따라서 실제로는 사용되지 않는 전극 형상이지만 회전 타원체 전극은 구상(球狀) 전극과 함께 접지 저항 이론을 체계화하는데 있어서 중요하다.

그림 15.1에 나타낸 바와 같이 타원에는 **긴 지름**과 **짧은 지름**이 있다. 타원에는 **초점**이 두 개(F_1, F_2)가 있으며 긴 지름 위에 있다. 또한 타원에서는 타원 위의 점 P에서 양 초점까지의 거리의 합이 일정하다는 성질이 있다.

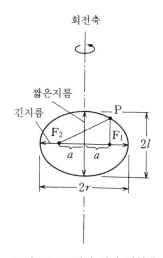

그림 15.1 편평 회전 타원체

타원으로 회전 타원체를 만드는 데에는 긴 지름을 축으로 하여 회전하는가 짧은 지름을 축으로 하여 회전하는가에 따라 형상이 달라지게 된다. 타원의 짧은 지름을 축으로 해서 회전하여 얻어지는 입체를 **편평**(扁平) **회전 타원체**라 한다.

여기서는 **전공간 문제**를 취급하여 주위의 대지는 모든 방향으로 무한 거리까지 저항률 ρ로 한다.

편평회전 타원체에서 회전축이 되는 짧은 지름을 $2l$, 긴 지름을 $2r$로 한다. 편평 회전 타원체에서는 $l < r$이다.

타원의 **초점간 거리**를 $2a$로 하면

$$a = \sqrt{r^2 - l^2}$$

타원의 **편심률**을 e로 하면

$$e = \sqrt{1 - \left(\frac{l}{r}\right)^2}$$

편평 회전 타원체의 접지 저항을 R로 하면 그것은 다음과 같다.

$$R = \frac{\rho}{4\pi a} \operatorname{arccot}\left(\frac{l}{a}\right) \ [\Omega] \quad (전공간)$$

편평 회전 타원체의 접지 저항 R을 다음과 같이 표현할 수도 있다.

$$R = \frac{\rho}{4\pi er} \arcsin e \ [\Omega] \quad (전공간)$$

16. 회전 타원체 접지 전극(편장)

그림 16.1과 같이 타원의 긴 지름을 축으로 해서 회전하여 얻어지는 입체를 **편장**(扁長) **회전 타원체**라 한다.

편장 회전 타원체에서 회전축이 되는 긴 지름을 $2l$, 짧은 지름을 $2r$로 한다(그림 16.1), 편장 회전 타원체에서는 $r<l$이다.

편장 회전 타원체인 경우, 타원의 **초점간 거리**를 $2a$로 하면

$$a=\sqrt{l^2-r^2}$$

타원의 **편심률** e는

$$e=\sqrt{1-\left(\frac{r}{l}\right)^2}$$

여기에서도 편평의 경우와 마찬가지로 주위의 대지가 모든 방향으로 무한 원격까지 저항률 ρ인 전공간 문제를 다룬다.

편장 회전 타원체의 **접지 저항**을 R로 하면 그것은 다음과 같다.

$$R=\frac{\rho}{4\pi a}\ln\left(\frac{a+l}{r}\right)\ [\Omega]\quad \text{(전공간)}$$

또는 **접지 저항** R은 다음과 같이 표현할 수도 있다.

$$R=\frac{\rho}{4\pi el}\ln\sqrt{\frac{1+e}{1-e}}\ [\Omega]\quad \text{(전공간)}$$

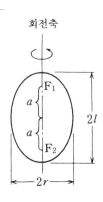

그림 16.1 편장 회전 타원체

17. 봉상 전극-등가 반경

〔1〕 편장 회전 타원체로서

편장 회전 타원체에서 $r \ll l$인 경우를 살펴본다.

이 경우 초점간 거리의 반인 a는

$$a \fallingdotseq l$$

즉, 편장 회전 타원체는 길이 $2l$, 지름 $2r$인 가는
막대(**그림 17.1**)로 되고 초점은 그 양끝에 있다.

봉상 전극의 접지 저항 R은 편장 회전 타원체의
접지 저항 공식으로부터

$$R = \frac{\rho}{4\pi l} \ln \frac{2l}{r} \;\; [\Omega] \;\; (전공간)$$

위 식은 $r \to 0$에서 ∞로 된다. 즉, 봉상 전극이 가
늘수록(단, 길이는 일정하다) 접지 저항은 높아진다.

그림 17.2와 같이 지표면에서 깊이 l까지 박힌 반
경 r인 봉상 전극의 접지 저항 R은 반공간 문제로서

$$R = \frac{\rho}{2\pi l} \ln \frac{2l}{r} \;\; [\Omega] \;\; (반공간)$$

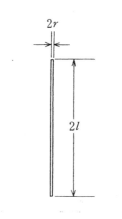

그림 17.1　봉상 전극 $(r \ll l)$

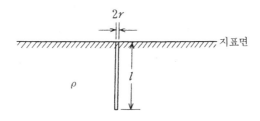

그림 17.2　봉상 전극 (반공간)

봉상 전극(반공간)과 접지 저항이 같은 반구상 접지 전극의 반경을 봉상 전극의 **등가
반경**이라 한다. 이 등가 반경을 $\mathcal{R}$로 하면 반구상 전극의 접지 저항 공식으로부터

$$\frac{\rho}{2\pi \mathcal{R}} = \frac{\rho}{2\pi l} \ln \frac{2l}{r}$$

로서 **봉상 전극의 등가 반경**은

$$\mathcal{R} = \frac{l}{\ln\dfrac{2l}{r}} \ [\mathrm{m}] \quad \text{(반공간)}$$

〔2〕 균등 전류법

마찬가지로 길이 $2l$, 지름 $2r$인 가는 봉을 생각한다. $r \ll l$로 한다. 전공간 문제로서 전극의 주위는 무한 거리까지 저항률 ρ의 매질로 채워졌다고 한다.

봉상 전극으로부터의 접지 전류가 주위의 매질로 흘러들어가는 경우, 봉의 부위에 따라 전류 밀도가 다르다. 예를 들면 봉의 끝부분과 중앙부분의 전류 밀도는 다르다. 그러나 이것을 고려하면 해석이 까다롭게 되므로 봉상 전극의 전류 밀도를 일정하게 해서 접지 저항을 구하는 것이 「**균등 전류법**」이다. 이 근사법은 봉상 도체의 정전 용량을 구하는 데에 사용되는 「**균등 전하법**」에 대응한다.

이 경우 봉상 전극의 각 부위마다 전위가 다르기 때문에 접지 저항을 구하는 데에는 전위의 평균값을 사용한다. 이렇게 해서 접지 저항을 구하면 다음과 같은 식을 얻을 수 있다.

$$R = \frac{\rho}{4\pi l}\left[\ln\frac{2l}{r}\left\{1 + \sqrt{1 + \left(\frac{r}{2l}\right)^2}\right\} + \frac{r}{2l} - \sqrt{1 + \left(\frac{r}{2l}\right)^2}\right]$$

$r \ll l$로 하여 위 식을 간략화하면

$$R = \frac{\rho}{4\pi l}\left(\ln\frac{4l}{r} - 1\right) [\Omega] \quad \text{(전공간)}$$

그림 17.2와 같이 지표면에서 깊이 l까지 박힌 반경 r인 봉상 전극의 접지 저항 R은 반공간 문제로서

$$R = \frac{\rho}{2\pi l}\left(\ln\frac{4l}{r} - 1\right) [\Omega] \quad \text{(반공간)}$$

이 경우 등가 반경을 $\mathcal{R}$로 하면

$$\mathcal{R} = \frac{l}{\ln\dfrac{4l}{r} - 1} \ [\mathrm{m}] \quad \text{(반공간)}$$

18. 원판 전극

편평 회전 타원체에서 $l=0$으로 하면 반경이 r이고 두께가 0인 **원판 전극**(그림 18.1)이 된다.

이 경우 **초점간 거리**의 반인 a는 r과 같게 되므로 초점은 원판의 바깥 둘레에 위치한다. 따라서 타원의 **편심률** e는 1이 된다.

arcsin $1=\pi/2$이다. 따라서 편평 회전 타원체의 접지 저항 공식으로부터 **원판의 접지 저항** R은

$$R=\frac{\rho}{8r} \ [\Omega] \quad (\text{전공간})$$

그림 18.2와 같이 지표면에 수평으로 원판 전극이 배치되어 있는 경우 그 접지 저항은 반공간 문제로서 다음과 같다.

$$R=\frac{\rho}{4r} \ [\Omega] \quad (\text{반공간})$$

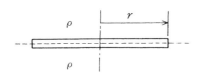

그림 18.1 원판 전극

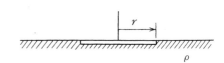

그림 18.2 원판 전극 (반공간)

19. 매설 지선

봉상 전극은 접지 전극으로서 매우 편리하고 경제적인 형상이다. 그러나 현실적으로는 여러가지 사정으로 봉상 전극을 사용할 수 없는 경우가 있다. 지중의 얕은 곳에 암반이 존재하는 경우가 그 예인데 이 경우에는 다른 형상의 접지 전극을 연구해야 한다. **매설 지선**은 이러한 때에 널리 이용되고 있다. 매설 지선이라는 것은 **그림 19.1**과 같이 나전선(裸電線)을 수평으로 얕게 매설하여 접지 전극으로 하는 방법이다.

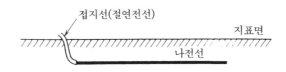

그림 19.1 매설 지선

〔1〕편장 회전 타원체로서

지표면에서 충분히 깊게 매설된 매설 지선의 접지 저항은 봉상 전극의 전공간 접지 저항과 동일하다고 보아, 그 편장 회전 타원체 공식으로부터

$$R = \frac{\rho}{2\pi l} \ln \frac{l}{r} \quad [\Omega]$$

여기서, l : 매설 지선의 전체 길이 [m]

r : 매설 지선의 반경 [m]

지표면에 가까워졌을 경우의 영향은 **그림 19.2**와 같이 전공간을 저항률 ρ 의 매질로 채우고 매설 지선 위쪽으로 $2d$[m] 떨어진 위치에 **영상**(影像 ; ⒀의 영상법 참조)에 해당하는 **제2의 지선**을 고려한다. d 는 지선의 매설 깊이로 한다.

지표면 아래로 d[m] 깊이에 매설된 매설 지선의 접지 저항 R 은 제2의 지선(영상)의 영향을 받아 다음과 같이 된다.

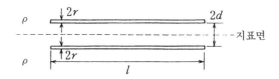

그림 19.2 매설 지선과 영상

$$R = \frac{\rho}{2\pi l} \ln \frac{l}{r} + \frac{\rho}{2\pi l} \ln \frac{l}{2d}$$

$$= \frac{\rho}{2\pi l} \ln \frac{l^2}{2rd} \ [\Omega]$$

영국 규격(CP 1013 : 1965, Earthing)에서는 매설 지선의 접지 저항으로서 이 식을 사용하고 있다.

〔2〕 균등 전류법

지표면에서 충분히 깊게 매설된 매설 지선의 접지 저항은 봉상 전극의 전공간 접지 저항과 동일하다고 보아 균등 전류법에 의한 접지 저항 공식으로부터

$$R = \frac{\rho}{2\pi l}\left(\ln \frac{2l}{r} - 1\right) [\Omega]$$

여기서, l : 매설 지선의 전체 길이 [m]

r : 매설 지선의 반경 [m]

지표면에 가까워졌을 경우의 영향은 앞에서와 마찬가지로 **영상법**(그림 19.2)을 따른다. 지표면 아래 d[m]로 매설된 매설 지선의 접지 저항 R은 제2의 지선(영상)의 영향을 받아 다음과 같이 된다.

$$R = \frac{\rho}{2\pi l}\left(\ln \frac{2l}{r} - 1\right) + \frac{\rho}{2\pi l}\left(\ln \frac{l}{d} - 1\right)$$

$$= \frac{\rho}{2\pi l}\left(\ln \frac{2l^2}{rd} - 2\right) [\Omega]$$

여기서, $d \ll l$로 한다.

〔3〕 성형 지선(星形地線)

접지 공사에 필요한 용지가 충분하지 않은 경우에는 매설 지선을 **그림 19.3** (a)와 같이 직각으로 구부려 공사하기도 한다. 또 매설 지선을 그림 19.3 (b)~(e)와 같이 성형으로 공사하는 경우가 있다.

그림 19.3 (a)~(e)의 형상인 매설 지선의 접지 저항식을 **표 19.1**에 정리하였다.

전체 길이가 100 m인 도선을 여러 가지 형상으로 하여 매설했을 경우의 접지 저항값을 **표 19.2**에 정리하였다. 단, 대지 저항률을 100Ω·m, 매설 깊이를 1 m, 도선의 반경을 0.004 m로 한다. 도선의 전체 길이가 일정하면 일직선으로 매설한 경우가 저항이 가장 낮고 **형상이 복잡해짐에 따라 접지 저항이 높아짐을 알 수 있다.**

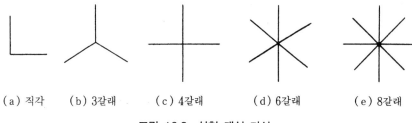

(a) 직각   (b) 3갈래   (c) 4갈래   (d) 6갈래   (e) 8갈래

그림 19.3 성형 매설 지선

표 19.1 각종 형상에 따른 매설 지선의 접지 저항식

직 각	l 도형	$\dfrac{\rho}{4\pi l}\left(\ln\dfrac{2l}{r}+\ln\dfrac{l}{d}-0.2373+0.4292\dfrac{d}{l}+0.4140\dfrac{d^2}{l^2}-0.6784\dfrac{d^4}{l^4}\right)$
3 갈 래	도형	$\dfrac{\rho}{6\pi l}\left(\ln\dfrac{2l}{r}+\ln\dfrac{l}{d}+1.071-0.418\dfrac{d}{l}+0.952\dfrac{d^2}{l^2}-0.864\dfrac{d^4}{l^4}\right)$
4 갈 래	도형	$\dfrac{\rho}{8\pi l}\left(\ln\dfrac{2l}{r}+\ln\dfrac{l}{d}+2.912-2.142\dfrac{d}{l}+2.580\dfrac{d^2}{l^2}-2.320\dfrac{d^4}{l^4}\right)$
6 갈 래	도형	$\dfrac{\rho}{12\pi l}\left(\ln\dfrac{2l}{r}+\ln\dfrac{l}{d}+6.851-6.256\dfrac{d}{l}+7.032\dfrac{d^2}{l^2}-7.84\dfrac{d^4}{l^4}\right)$
8 갈 래	도형	$\dfrac{\rho}{16\pi l}\left(\ln\dfrac{2l}{r}+\ln\dfrac{l}{d}+10.98-11.02\dfrac{d}{l}+13.04\dfrac{d^2}{l^2}-18.72\dfrac{d^4}{l^4}\right)$

l: 한변의 길이 [m], ρ: 대지 저항률 [Ω·m], r: 지선의 반경 [m], d: 매설 깊이 [m]

표 19.3은 외주를 100 m로 고정시키고 각종 형상으로 매설 지선을 공사했을 경우의 접지 저항이다.

단, 대지 저항률을 100 Ω·m, 매설 깊이를 1 m, 전선의 반경을 0.004 m로 한다. 이 경우는 형상이 복잡해짐에 따라 접지 저항이 점점 낮아진다. 그러나 동시에 사용하는 전선도 길어진다는 점에 주목해야 한다.

표 19.2 전체 길이가 100 m인 전선을
여러 가지 형상의 매설 지선으
로 했을 때의 접지 저항

형 상	한변의 길이 l[m]	접지 저항값 [Ω]
직 선	$l=100$	2.140
직 각	$l=\dfrac{100}{2}$	2.198
성 형 3 갈래	$l=\dfrac{100}{3}$	2.274
성 형 4 갈래	$l=\dfrac{100}{4}$	2.464
성 형 6 갈래	$l=\dfrac{100}{6}$	2.919
성 형 8 갈래	$l=\dfrac{100}{8}$	3.413

$\rho = 100\ \Omega \cdot \text{m},\ d=1\,\text{m},\ r=0.004\,\text{m}$

표 19.3 외주를 100m로 고정시켰을 경우, 여러 가지 형
상의 매설 지선의 접지 저항

형상과 치수		접지 저항값 [Ω]	전선 전체길이 [m]
직 선	100 [m]	2.140	100
성 형 3 갈래	50 [m]	1.602	150
성 형 4 갈래	50 [m]	1.346	200
성 형 6 갈래	50 [m]	1.102	300
성 형 8 갈래	50 [m]	0.987	400

$\rho = 100\ \Omega \cdot \text{m},\ d=1\,\text{m},\ r=0.004\,\text{m}$

〔4〕 환상 지선(環狀地線)

원주에 따라 매설 지선을 공사하는 것이 **환상 지선**이다. 원주의 지름을 D[m], 지선의 반경을 r[m]로 한다(**그림 19.4**). 또 $r \ll D$이다.

충분히 깊게 매설된 환상 지선의 접지 저항은 정전 용량으로부터 다음과 같이 구해진다.

$$R = \frac{\rho}{2\pi^2 D} \ln \frac{4D}{r}\ [\,\Omega\,]\quad (\text{전공간})$$

지표면 아래 d[m]에 매설된 환상 지선의 접지 저항은
영상의 영향을 추가하여 다음과 같이 된다.

$$R = \frac{\rho}{2\pi^2 D}\left(\ln \frac{4D}{r} + \ln \frac{4D}{2d} \right)$$

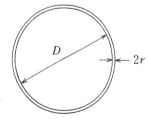

그림 19.4 환상 지선

$$= \frac{\rho}{2\pi^2 D} \ln \frac{8D^2}{rd} \quad [\Omega]$$

아주 얇게 매설된 환상 지선의 경우 그 접지 저항은 반공간 저항으로서 전공간 저항의 두 배로 되어

$$R = \frac{\rho}{\pi^2 D} \ln \frac{4D}{r} \quad [\Omega] \quad (\text{반공간})$$

〔5〕 매설 지선에 의한 대지 전위 상승

그림 19.5와 같이 매설 지선의 단면을 생각한다. 매설 지선의 깊이를 d[m], 지표면에 x축을 설정한다. x축의 원점은 매설 지선의 바로 위에 놓는다.

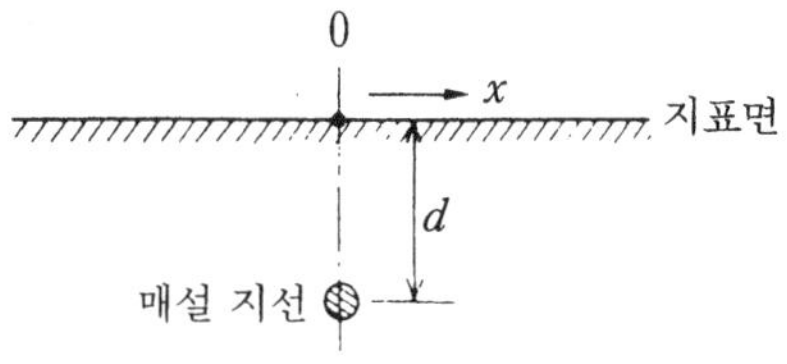

매설 지선은 직선상으로 하고 그 **단위 길이**당 주위로 I[A/m]의 전류가 유출된다고 한다.

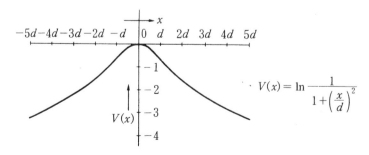

그림 19.5 매설 지선 (단면도)

또 주위의 대지 저항률을 $\rho [\Omega \cdot m]$로 한다. 이때 지표면에 발생하는 전위를 $V(x)$로 하면 그것은 아래의 식과 같이 표현된다.

$$V(x) = \frac{\rho I}{2\pi} \ln \frac{d^2}{d^2 + x^2}$$

$$= \frac{\rho I}{2\pi} \ln \frac{1}{1 + \left(\dfrac{x}{d}\right)^2} \quad [V]$$

여기서 $x=0$에서 $V(0)=0$으로 한다. 전위 상승의 그래프를 **그림 19.6**에 나타내었다.

$$V(x) = \ln \frac{1}{1 + \left(\dfrac{x}{d}\right)^2}$$

그림 19.6 직선상 매설 지선에 의한 지표면의 전위 상승

20. 메시상 접지 전극

다수의 매설 지선을 서로 격자상으로 접속하여 큰 접지 전극을 구성하는 것이 **메시상(망상) 접지 전극 (그림 20.1)**이다.

낮은 접지 저항을 필요로 하는 발전소나 변전소에서 사용된다. 메시상 접지 전극은 형상이 복잡하기 때문에 그 접지 저항을 정밀하게 예측한다는 것은 좀처럼 쉽지 않다.

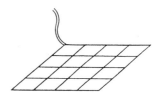

그림 20.1 메시상 (망상) 접지 전극

〔1〕 등가 반경의 유도

먼저 메시상 접지 전극의 상세한 구조는 무시하고 접지 전극이 차지하는 최대 면적에 주목한다. 메시 전극이 외주 도체에 의해서 둘러싸인 면적을 $A\,[\mathrm{m^2}]$로 한다. 이것과 면적이 동일한 원의 반경을 $r\,[\mathrm{m}]$로 하면

$$r = \sqrt{\frac{A}{\pi}}\ [\mathrm{m}]$$

이것을 **메시상 접지 전극의 등가 반경**으로 한다. 이 경우 메시 전극이 원형이라고는 할 수 없지만 형상에 의한 접지 저항의 변화는 여기에서는 무시한다.

〔2〕 매설 깊이의 분류

지표면에서 메시 전극까지의 깊이를 **그림 20.2**와 같이 세 종류로 분류한다. 어느 것이나 메시 전극은 수평으로, 즉 지표면과 평행하게 매설되었다고 한다. 매설 깊이를 d [m]로 한다.

• $r \ll d$의 경우 : 그림 20.2 (a)의 경우. 메시 전극의 크기에 비해 충분히 깊게 매설하는 경우이다. 이 경우에는 메시 전극의 상하 양면의 접지 효과가 충분히 이용된다. 따라서 원판의 전공간 접지 저항 공식을 이용하여 메시상 접지 전극의 접지 저항을 구해보면,

$$R = \frac{\rho}{8r}$$

$$= \frac{\rho}{8}\sqrt{\frac{\pi}{A}}\ [\Omega]$$

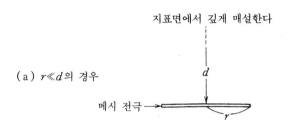

(a) $r \ll d$의 경우

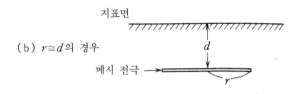

(b) $r \cong d$의 경우

(c) $d \ll r$의 경우

r : 메시 전극의 등가 반경
d : 매설 깊이

그림 20.2 메시 전극의 매설 깊이에 따른 분류

● $r \cong d$**의 경우** : 그림 20.2 (b)의 경우. 메시 전극의 매설 위치가 지표면에 가까워지면 메시 전극의 윗면은 접지 효과를 충분히 발휘할 수 없게 된다. 그 결과 접지 저항은 전 공간 접지 저항보다 높아진다. 그 증가분은 영상을 도입해 추정할 수 있다. 메시상 접지 전극의 접지 저항은

$$R = \frac{\rho}{8r} + \frac{\rho}{8 \cdot 2d}$$

$$= \frac{\rho}{8r}\left(1 + \frac{r}{2d}\right) [\,\Omega\,]$$

여기서, r는 전극의 등가 반경이다. 두 번째 항은 영상에 의한 증가분이다.

● $d \ll r$**의 경우** : 그림 20.2 (c)와 같이 메시 전극의 매설 위치가 지표면에 아주 가까워진 경우이다. 이 경우는 메시 전극의 아랫면에 대한 접지 효과만이 이용된다. 따라서 원판의 반공간 접지 저항 공식을 이용하여 메시상 접지 전극의 접지 저항을 구해보면,

$$R = \frac{\rho}{4r}$$

$$= \frac{\rho}{4} \sqrt{\frac{\pi}{A}} \ [\Omega]$$

여기서, r는 전극의 등가 반경이다.

[3] 메시수와 메시 계수

지금까지는 메시상 접지 전극에 대한 상세한 구조를 무시하고 구조가 차지하는 최대 면적에만 주목해 왔다. 메시상 접지 전극에 관해서는 그 최대 면적이 동일하더라도 형상 등이 달라지는 경우에 접지 저항이 어느 정도 변하는가 등의 검토해야 할 과제가 많이 남아 있다.

이들 과제 가운데 메시상 접지 전극에 있어 특징적이고 실용상 중요한 것이 **메시수**와 **메시 계수**의 파악이다.

그림 20.3에 의해서 메시수와 메시 계수의 개념을 설명한다. 메시 전극이 차지하는 면적을 정방형으로 한다. 이 정방형의 외주(外周)에 따라서만 도체를 매설하여 접지 전극으로 했을 경우를 메시수 1, 즉 그물코의 수를 1로 한다. 이 전극의 내측에 선상(線狀) 전극을 네 등분해가면 메시수는 16으로 된다. 이렇게 해서 차례로 각 메시 속에 선상 전극을 네 등분해가면 최종적으로 전극은 정방판이 된다.

메시 전극의 접지 저항 R은 메시 계수 M을 이용하여 다음과 같이 표현할 수 있다.

$R = M \times$[메시수가 ∞일 때의 판상 전극의 접지 저항]

외주의 도체에 의해서 형성되는 정방형의 크기가 변하지 않는 한 정방판 전극(즉, 메시수가 ∞)의 접지 저항이 가장 낮다. 그리고 메시수가 적어질수록 접지 저항은 커져 메시수 1에서 접지 저항은 가장 크다. 그래서 메시 계수 M은 다음과 같이 표현된다.

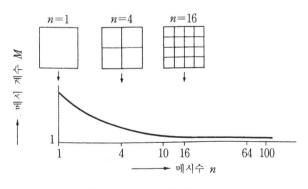

그림 20.3 **메시수와 메시 계수**

$$M = \frac{\text{메시수가 유한할 때의 접지 저항}}{\text{메시수가 무한할 때의 접지 저항}}$$

그림 20.3에는 메시 계수 M 과 메시수 n 의 관계를 보여주고 있다. 단, 도체의 굵기는 일정하다. 메시수 n 이 무한대일 때, 판상 전극의 접지 저항이 가장 낮기 때문에 항상 $M > 1$ 이다. 메시 전극의 설계에 있어서 $n \to \infty$ 의 판상 전극으로서 접지 저항을 예측하면, n 이 유한한 실제의 메시 전극에서는 거기까지 접지 저항이 내려가지 않을 가능성이 있다. n 이 커지면 재료비 및 시공비가 급격히 증가하게 되므로 n 을 극단적으로 크게 할 수는 없기 때문이다.

M 과 n 의 관계를 정밀하게 구한다는 것은 상당히 어려운 일로 외주의 도체에 의해서 차지하는 형상에 따라서도 이 관계는 달라질 수 있다. 그러나 대략적인 예상은 가능하다.

M 은 $n = 1$ 일 때 최대로 된다. 원판 및 원환(圓環)의 접지 저항 공식을 이용하면 M 의 최대값 $M_{\max}$ 의 개략값은 다음과 같이 계산할 수 있다.

$$M_{\max} = \frac{2}{\pi^2} \ln \frac{8r}{r'}$$

여기서 r 는 메시 전극의 등가 반경, r' 는 사용 도체의 반경이다.

위 식에서 메시 계수의 최대값 $M_{\max}$ 는 전극의 등가 반경 r 과 사용 도체의 반경 r' 와의 비에 의해서 추정할 수 있음을 알 수 있다. 표 20.1에 각종 r/r' 에 관하여 $M_{\max}$ 를 계산하였다.

표 20.1 r/r' 와 $M_{\max}$

r/r'	$M_{\max}$
10^2	1.355
10^3	1.821
10^4	2.288
10^5	2.754
10^6	3.221
10^7	3.588
10^8	4.154

21. 구조체 접지 전극

전기설비 기술기준 제21조 제3항에는 「대지와의 사이에 전기 저항값을 2Ω 이하로 유지하고 있는 **건물의 철골 및 기타 금속체**는, 이것을 비접지식 고압 전로에 시설하는 기계 기구의 철대 또는 금속제 외함에 실시하는 제1종 접지 공사 및 비접지식 고압 전로와, 저압 전로를 결합하는 변압기의 저압 전로에 실시하는 제2종 접지공사의 접지극으로 사용할 수 있다」고 정하고 있다.

또 일본공업규격 「건축물 등의 피뢰 설비(피뢰침)」에서는 철골조·철근 콘크리트조·철골 철근 콘크리트조의 피보호물에 대한 피뢰 설비에는 피보호물 기초의 접지 저항이 5Ω 이하라면 접지극을 생략해도 상관없다고 정하고 있다.

철골조, 철근 콘크리트조, 철골 철근 콘크리트조의 건축물에서는, 그 건축 구조체의 접지 저항이 접지봉, 접지판 등에 의한 통상의 접지 공사에서 얻어지는 접지 저항보다도 훨씬 낮다는 것이 실측으로 명백해졌다(**표 21.1**).

여기에서 건축 구조체란 철골 또는 철근 콘크리트로 조성된 건축 물체를 가리킨다. 왜 건축 구조체의 접지 저항은 낮은가?

그것은 건축 구조체의 기초가 대지와 접촉하고 있는 면적이 매우 크기 때문이다. 그러나 건축의 기초가 크더라도 철골이나 철근이 대지와 직접 접촉하지 않고 그 사이에 콘크리트가 끼어 있지 않은가라는 의문이 생긴다.

콘크리트는 그저 단단한 돌과 같이 보이지만 보통의 암석보다도 흡습성이 크고 습윤 상태에서는 저항률이 상당히 낮다.

표 21.2에 콘크리트의 흡수율과 저항률을 나타내었다. 습한 콘크리트의 저항률은 보통 토양에 비해서도 낮은 쪽에 속한다. 따라서 건축 기초에 있어 콘크리트의 저항률은 상당히 낮아 주위의 토양보다도 낮다. 따라서 콘크리트가 있어도 건축 구조체의 접지 저항은 낮을 수 밖에 없다.

여기에서 문제가 되는 것은 건축 구조체의 접지 저항 측정법이다. 건축 구조체와 같이 대규모 접지체의 접지 저항을 정확하게 측정한다는 것은 상당히 어렵다. 간편한 휴대용 접지 저항 측정기로는 정밀도가 높은 값을 얻을 수 없고 그렇다고 해서 대규모적인 전위 강하법(㉗ 접지 저항의 측정법 참조)이 언제나 가능한 것도 아니다.

건축 구조체의 접지 저항은, 그 건축이 세워지고 있는 지점의 대지 저항률과 건물의 크기에 의해 거의 정해진다.

표 21.1 각종 건축물에 대한 구조체 접지 저항의 실측 예

빌 딩 명	층 수	지하층 바닥면적 [m²] ( )는 연면적	구 조	측정년월	측정방법	구 조 체 접지저항
외 무 성 청 사	지하 2층 지상 8층	4,663 (27,604)	철골 철근 콘크리트조	1962년 6월	휴대용접지 저항측정기	제1점 0.2Ω 제2점 0.2Ω
총 리 부 청 사	지하 1층 지상 7층	3,239 (21,431)	철근 콘크리트조	1962년 6월	〃	제1점 0.000Ω 제2점 0.2Ω 제3점 0.2Ω
호텔뉴오타니	지하 3층 지상 17층 옥탑 3층	9,470 (102,500)	철골 철근 콘크리트조 철골조	1966년 12월	전위강하법 (교류 50Hz)	0.31Ω
동경전업회관	지하 1층 지상 4층	480 (1,767)	철근 콘크리트조	1969년 3월	〃	0.6Ω
지 바 대 학 공 학 부 전기공학과	일부 지하 1층 지상 4층	576 (2,354)	철근 콘크리트조	1972년 1월	〃	1.04Ω
오오사카합동 청사 제3호관	지하 3층 지상 15층	3,405 (39,579)	철골 철근 콘크리트조	1971년 8월	전위강하법 (교류 60Hz)	0.21Ω
영 빈 관	지하 1층 지상 2층	5,260 (15,355)	철골 연와조	1972년 3월	〃	0.35Ω
동 아 부 동 산 新橋 빌 딩	지하 3층 지상 15층	4,742 (52,015)	철골 철근 콘크리트조	1971년 10월	〃	0.01Ω

표 21.2 콘크리트의 배합과 흡수율 및 저항률

배 합 비 율 시멘트 : 모래 : 자갈	흡수율 [%]	저항률 [Ω·m]
1 : 3 : 6	4.9	80
1 : 2 : 4	6.2	51.6
1 : 3 : 0	13.9	47.2
1 : 2 : 0	16.1	37.9

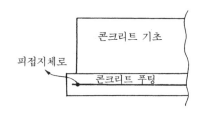

그림 21.1 콘크리트로 에워싼 접지 전극

따라서 직접 측정하지 않아도 대지 저항률과 건축 면적만 알면 구조체의 접지 저항을 추정할 수가 있다. 이에 관해서는 ㉒ 피뢰 설비의 접지에서 기술한다.

미국 전기공사규정(NEC)에서는 콘크리트로 에워싼 접지 전극(Concrete Encased Electrode)의 사용을 인정하고 있다(250-82(b), 250-83(a)). 이것은 **그림 21.1**과 같은 것으로 일종의 구조체 접지이다. 단, 콘크리트 푸팅(concrete footing) 속에 나동선(길이 6 m 이상, 단면적 21 mm² 이상)을 매설한다.

22. 피뢰 설비의 접지

〔1〕 낙뢰의 피해

건축물 등의 피뢰 설비는 근접해온 낙뢰 방전을 확실하게 피뢰 설비쪽으로 끌어들여, 뇌격 전류를 안전하게 대지로 흘림으로써 건축물 등을 낙뢰의 피해로부터 보호해 주기 위한 것이다.

뇌운은 각종 기상 조건에 따라 강한 상승 기류가 발생했을 때에 나타난다. 뇌운 속의 전하 분포는 **그림 22.1**에 나타낸 바와 같이 상부는 양(+), 하부는 음(−)으로 되어 있다. 그리고 뇌운의 바로 밑 부근의 대지 표면에는 양의 전하가 유도된다.

낙뢰는 구름 하부의 음 전하와 지상의 양 전하 사이에서 일어나는 방전 현상이다. 많은 실측 데이터로부터 뇌격 전류의 평균적 특성을 구해 보면 파고값은 약 $30\,\mathrm{kA}$, 지속 시간은 수십 $\mu\mathrm{s}$이다.

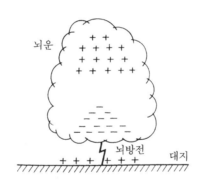

그림 22.1 뇌운과 뇌방전

낙뢰로 인한 사망자수는 매년 전세계적으로 6,000명이나 된다고 한다. 낙뢰의 피해는 다음과 같은 4개 분야에 걸치고 있다.

(1) 낙뢰에 의한 산의 화재 : 삼림이 낙뢰로 인해 화재가 일어나 귀중한 삼림 자원이 잿더미로 되어 버린다. 미국이나 캐나다에서는 낙뢰에 의한 피해 중 이것이 가장 많다고 한다.

(2) 건조물의 피해 : 건조물이 낙뢰에 의해 화재가 일어난다. 東京소방청 관내에서 1974년도에 낙뢰에 의한 화재가 59건이 발생했는데, 그 내역은 직접뢰 23건, 간접뢰 36건이었다. 토지가 넓은 미국에서는 고립된 농가에 낙뢰해 화재가 발생하는 예

가 많다. 화재까지는 일어나지 않더라도 뇌전류에 의한 급격한 열팽창으로 건조물의 일부가 파손되는 일도 있다. 또한 귀중한 문화재가 낙뢰로 인하여 피해를 입는 경우도 적지 않다.

(3) 전력이나 통신 등 공공 서비스의 다운 : 소나기가 지나가면 반드시 어딘가의 지역이 정전되어 전철이 정지되는 사고가 발생한다. 이 때 신호가 다운되는 예가 많다. 얄궂게도 뇌우는 저녁 무렵에 내습해서 귀가를 서두르는 출퇴근자의 발을 묶어 버린다.

(4) 사람 및 가축의 피해 : 일본에서는 매년 평균적으로 32명이 뇌격에 의해 사망하고 있다. 최근에는 골프장에서의 피해가 눈에 띄게 많아졌다. 가축의 피해도 적지 않아 미국에서는 가축 사고사의 80%가 낙뢰로 인한 것이라 한다.

〔2〕 피뢰 설비를 요하는 건축물·공작물

일반 건축물·공작물에 대해서는, 건축기준법에 의거해 다음과 같은 것에 피뢰 설비의 설치가 의무화되고 있으며, 그 피뢰 설비는 건축기준법 시행령에 따라 일본공업규격(KS C 9609)에 의해 정해져 있다.

(1) 건축물의 높이가 20 m를 초과하는 부분
(2) 굴뚝, 광고탑, 물탱크(옥상 등에 설치된), 옹벽 등의 공작물 및 승강기, 워터 슈트, 비행탑 등의 공작물로서 높이가 20 m를 초과하는 부분

〔3〕 피뢰 설비의 3부분

피뢰 설비는 3부분으로 구성되어 있다.
(1) 우뢰 방전을 끌어들여 뇌격을 직접적으로 받아 들이기 위한 돌침부 또는 상부의 도체, 이것들을 수뢰부(受雷部)라 한다.
(2) 수뢰부에서 대지까지 뇌격 전류를 유도하기 위한 피뢰 도선
(3) 뇌격 전류를 대지로 흘리기 위한 접지극
피뢰 설비가 충분한 기능을 발휘하는 데에는 이들 3부분이 각각 적절하게 설계, 시공되어야 한다.

〔4〕 피뢰 설비의 접지 저항

피뢰 설비의 접지 저항에 관해서는 JIS A 4201(KS C 9609)에서 **10Ω 이하**로 정하고 있다. 또 다수의 접지극을 병렬로 접속했을 때의 종합 접지 저항이 10Ω인 것만으로

는 충분치 않고 각 접지극을 단독으로 했을 경우에도 50Ω **이하여야** 된다고 규정되어
있다. 어쨌든 피뢰 설비의 접지 저항은 가급적 낮을수록 좋다. 지금 10Ω의 접지 전극에
30 kA의 전격 전류가 유입되면 접지 전극의 전위는 300 kV나 올라간다.

이렇게 높은 전압이 발생하면 부근에 매설되어 있는 가스관이나 수도관에 **2차적인**
방전(이것을 **역(逆)플래시오버**라 한다)이 일어난다. 또 접지극에 연결되어 있는 피뢰 도
선이나 수뢰부의 전위도 올라가기 때문에 근접해 있는 전력선이나 전화선에도 역플래
시오버될 위험이 있다.

접지극에 뇌격 전류가 유입되면 접지극 근방의 대지에 큰 전위 경도가 발생한다. 따
라서 접지극 가까이에 서 있는 사람도 보폭 전압에 의해서 감전될 우려가 있다.

이로 인한 모든 트러블은 접지극의 접지 저항을 충분히 낮게 하면 피할 수 있다.

〔5〕 접지극

피뢰 설비의 접지극은 각 인하 도선(피뢰 도선의 일부로 피보호물의 정상부에서 접지
극 사이의 거의 연직인 부분을 말한다)에 1개 이상을 접속한다.

접지극은 길이 1.5 m 이상, 외경 12 mm 이상의 용융 아연도금 강봉, 동피복 강봉, 동
봉, 용융 아연도금 배관용 탄소강 강관(두께 2 mm 이상), 스테인리스 강관(SUS 304,
두께 1 mm 이상) 또는 한쪽 면적이 0.35 m² 이상의 용융 아연도금 강판(두께 2 mm 이
상), 동판(두께 1.4 mm 이상) 아니면 이것들과 동등 이상의 접지 효과가 있는 금속체를
사용한다.

단, 알루미늄이나 기타 이와 유사한 부식성이 큰 물질은 사용할 수 없다.

접지극은 지하 0.5 m 이상의 깊이로 매설할 것.

1가닥의 인하 도선에 2개 이상의 접지극을 병렬로 접속하는 경우 접속 간격은 원칙적
으로 2 m 이상으로 하고 지하 0.5 m 이상의 깊이에서 단면적 22 mm² 이상의 나동선으
로 연접 접속한다.

단, 연접 동선이 심한 기계적 충격을 받을 우려가 없도록 시설되었을 경우에는 지하
0.5 m 이상으로 하지 않아도 된다.

접지극 또는 매설 지선은 가스관으로부터 가급적 1.5 m 이상 떨어진 거리에 시설한다.

〔6〕 매설 지선의 이용

대지 저항률이 특히 높은 지점에서는 10Ω이라는 접지 저항을 얻기가 쉽지 않다. JIS
에서는 이런 경우에 대해 **그림 22.2**와 같은 매설 지선의 이용을 인정하고 있다.

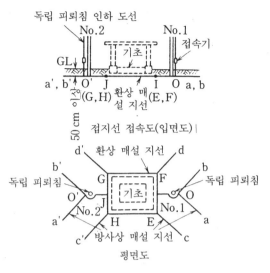

그림 22.2 매설 지선의 이용

매설 지선은 인하 도선 1가닥마다 길이 5 m 이상으로 하고 단면적이 피뢰 도선과 동등 이상인 동선 4가닥 이상을 피보호물로부터 방사상으로 지하 0.5 m 이상의 깊이에 설치한다.

또한 피보호물의 외주에 따라 같은 깊이에 매설한 환상 매설 지선에 의해서 그것들을 병렬로 접속하여 접지극을 대신한다.

〔7〕 철골조 · 철근 콘크리트조 · 철골 철근 콘크리트조의 피보호물에 대한 피뢰 설비

(1) 철골조의 빌딩 : 피뢰 설비에 대해 KS에서는 기둥 및 거더가 철골조인 빌딩의 경우 철골을 수뢰부(受雷部)로 해도 된다고 하고 있다. 단, 지붕 또는 뼈대에 금속 이외의 재료를 사용한 빌딩은 제외된다. 또 철골조의 빌딩에서는 철골을 피뢰 도선으로 대신해도 된다. 단, 철골에는 단면적 $30\,\mathrm{mm}^2$ 이상의 동선으로 두 군데 이상의 접지극에 접속한다.

(2) 철골 콘크리트조의 빌딩 : 기둥 및 거더가 철근 콘크리트조인 빌딩에서는 두 가닥 이상의 주철근을 이용해 인하 도선을 대신해도 된다. 단, 이것들의 철근에는 단면적

$30\ \mathrm{mm^2}$ 이상의 동선으로 두 군데 이상의 접지극에 접속한다.

(3) 철골 철근 콘크리트조의 빌딩 : 기둥 및 거더가 철골 철근 콘크리트조인 빌딩에서는 철골을 이용해 인하 도선을 대신해도 된다. 단, 철골에는 단면적 $30\ \mathrm{mm^2}$ 이상의 동선으로 두 군데 이상의 접지극에 접속한다.

이상의 철골조, 철근 콘크리트조, 철골 철근 콘크리트조인 빌딩에 있어서 **빌딩 기초의 접지 저항이 5Ω 이하인 경우에는 접지극을 생략하고 기초를 접지극으로 이용해도 된다** 라고 규정하고 있다. 즉, 구조체 접지를 인정한다.

일반적으로 빌딩의 기초는 지중 깊이 매설되어 대지와 접촉하는 면적도 크기 때문에 보통 접지 저항은 매우 낮다(표 21.1 참조). 독일 규격에 의하면 철근 콘크리트 기초가 $1\ \mathrm{m^3}$ 지하에 매설되어 있을 때의 접지 저항은 길이 $3\ \mathrm{m}$의 봉상 전극 두 개를 병렬로 박았을 때와 거의 같다고 한다.

〔8〕 기초의 접지 저항 추정법

여기에서 문제가 되는 것은 빌딩 기초의 접지 저항이 5Ω 이하임을 어떻게 확인할 것인가이다. 빌딩의 기초와 같은 대규모인 접지체의 접지 저항을 정확히 측정한다는 것은 상당히 어려운 일이다.

간이 접지 저항계로는 정밀도가 높은 값은 얻을 수 없고 그렇다고 해서 대규모인 전위 강하법이 언제나 기능한 것도 아니다.

빌딩 기초의 접지 저항은 **빌딩과 대지의 접촉 면적 및 빌딩이 세워져 있는 대지의 저항률에 의해서 거의 정해진다**. 그래서 빌딩 기초의 접지 저항을 측정하는 대신에 빌딩 지하 부분의 연표면적과 대지 저항률에 의해서 빌딩 기초의 접지 저항을 추정할 수 있다. 그 절차는 다음과 같다.

(1) 대지 저항률의 측정 : 대지 저항률 측정기가 있는 경우에는 그것으로 건설 지점의 대지 저항률을 측정한다. 대지 저항률 측정기는 통상 베너(Wenner)의 4전극법에 기초하여 대지 저항률을 측정한다. 그 경우의 전극 배치는 **그림 22.3**과 같이 한다.

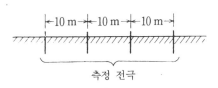

그림 22.3 대지 저항률 측정을 위한 전극 배치

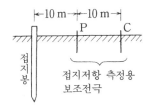

그림 22.4 접지 저항의 측정

대지 저항률 측정기가 없는 경우에는, 건설 지점에 접지봉을 박고 그 접지 저항을 측정하여 대지 저항률을 역산한다. 그 경우 측정용 보조 전극은 **그림 22.4**와 같이 박는다. 접지 저항 측정법은 ㉗(p.77)을 참조하고 대지 저항률의 역산법은 ㉘(p.81)을 참조한다.

대지 저항률은 굴삭 전 또는 굴삭 후에 건축 면적 $50 \times 50 \text{ m}^2$마다 지표면에서 측정하여 산술 평균을 계산한다.

(2) 건축물 지하 부분의 연표면적 산정 : 건축물이 대지와 접촉하고 있는 부분의 전체 표면적을 산정한다. 즉, 건축물 지하 부분의 바닥면 및 측면의 면적을 전부 합한 면적이다. 단, 기초 말뚝 등의 표면적은 제외한다(**그림 22.5**).

(3) 판정 곡선에 의한 판정 : 이상의 절차에 의해서 대지 저항률 $\rho\,[\Omega \cdot \text{m}]$와 표면적 $A\,[\text{m}^2]$가 결정되었다. 그 다음 **그림 22.6**에 의해 접지극 생략의 가부를 판정한다.

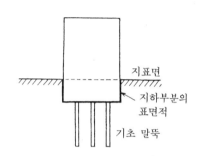

그림 22.5 건축물 지하 부분

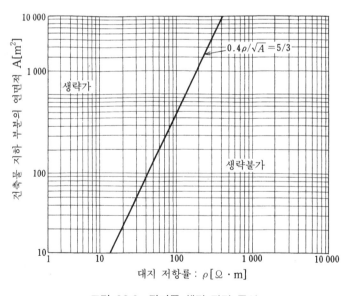

그림 22.6 접지극 생략 판정 곡선

즉, 그림 22.6의 판정 곡선에서 ρ와 A의 교점이 생략 가능한 영역에 있다면 접지극을 생략해도 된다. ρ와 A의 교점이 생략 불가능한 영역에 있다면 접지극을 생략할 수 없다.

(4) 판정 곡선의 근거 : 건축물 지하부분의 연표면적 A와 표면적이 같은 반구의 반경을 r이라 하면

$$2\pi r^2 = A \text{에서} \quad r = \sqrt{\frac{A}{2\pi}}$$

대지 저항률 ρ인 대지에 매설된 반구상 접지 전극의 접지 저항 공식으로부터 기초의 접지 저항을 구하면,

$$R = \frac{\rho}{2\pi r} = \frac{\rho}{\sqrt{2\pi A}} \fallingdotseq \frac{0.4\rho}{\sqrt{A}}$$

가 된다.

건축물 지하부분의 형상은 반드시 반구상이라고 할 수 없기 때문에 엄밀하게는 반구상 전극의 공식은 적용할 수 없지만 대략적인 계산은 충분하다. 또, 접지 저항이 5Ω 이하면 접지 전극은 생략할 수 있으므로

$$\frac{0.4\rho}{\sqrt{A}} \leqq 5$$

그림 22.6에서는 안전 계수를 3으로 하여

$$\frac{0.4\rho}{\sqrt{A}} \leqq \frac{5}{3}$$

를 경계로 하고 있다.

〔9〕 피뢰 도선과 접지극의 접속

피뢰 도선과 접지극의 접속은 다음과 같이 실시해야 한다.

(1) 접속부의 전기 저항은 단위 길이당 접속되는 도체 가운데 저항이 높은 쪽 도체 자체의 접속부의 저항보다 높아서는 안된다.

(2) 접속부의 인장 강도는 접속되는 도체 가운데 약한 쪽 도체 인장 강도의 80% 이상으로 한다.

(3) 이종 금속을 접속하는 경우는 접속부분에 전기적 부식이 발생하지 않도록 한다.

23. 병원의 접지

〔1〕 병원의 특수성

최근 병원에서는 많은 **의료용 전기 기기**(이하 **ME 기기**라 한다)가 활용되고 있다. ME 기기의 보급은 병원의 전기 설비에 새로운 것을 요구하게 되었다.

먼저, ME 기기로의 전력 공급이 정지되면 치명적일 수 있으므로 전력 공급의 높은 신뢰도가 요구된다.

다음에, ME 기기의 안전 대책을 들 수 있다. 이에 관해서는 ME 기기 자체에 대한 절연강화의 대책을 강구해야 함은 물론 전기 설비측에서도 접지에 특별한 배려가 필요하다.

〔2〕 매크로 쇼크와 마이크로 쇼크

병원에서는 감전 방지에 관련해 특별한 용어가 사용된다.

매크로 쇼크(macroshock)는 흔히 말하는 감전 현상으로 전류가 몸 표면에서 유입되고 몸 표면에서 유출되는 경우이다.

마이크로 쇼크(microshock)란 전류의 유입점, 유출점이 적더라도 한쪽이 심근에 접하고 있거나 또는 심장에 아주 가까운 거리에 있을 때 일어나는 감전이다.

〔3〕 병원 접지에 관한 용어

근래에 들어 전기 설비면에 관해서는 JIS T 1022(KS P 1006) 「병원 전기 설비의 안전기준」, ME 기기에 관해서는 JIS T 1001(KS P 1005) 「의료용 전기 기기의 안전 통칙」, JIS T 1002(KS P 1006) 「의료용 전기 기기의 안전성 시험방법 통칙」이 잇따라 제정되었다.

JIS T 1022(KS P 1006)에 제시되고 있는 의료용 접지 방식의 개념도를 **그림 23.1**에 나타내었다.

몇가지 용어의 의미를 살펴보면 다음과 같다.

- **보호 접지** : 노출 도전성 부분에 실시하는 접지
- **등전위 접지** : 노출 도전성 부분 또는 계통 외 도전성 부분을 등전위로 하기 위해 한점에 전기적으로 접속하여 여기에 실시하는 접지

- **노출 도전성 부분** : 충전부는 아니지만 고장시에 충전될 우려가 있어 사람이 용이하게 접촉될 수 있는 전기 기계 기구의 도전성 부분
- **계통 외 도전성 부분** : 전기 설비를 구성하지 않는 도전성 부분으로 대지 전위 등이 전달될 우려가 있는 것(건물 금속 섀시, 급수관, 베드의 금속 프레임 등을 가리킨다)

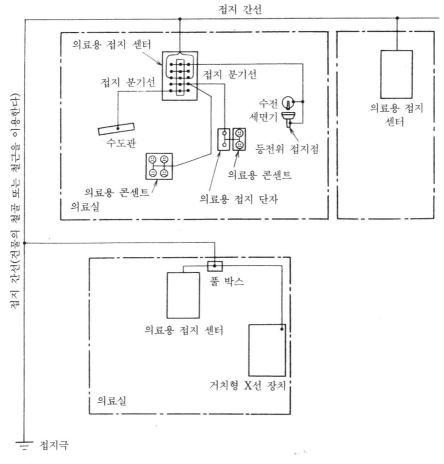

그림 23.1 의료용 접지 방식의 개념도

- **접지 간선** : 접지극에서 의료용 접지 센터의 분기 바에 이르는 접지선
- **접지 분기선** : 의료용 콘센트 및 의료용 접지 단자의 접지 리드선, 노출 도전성 부분 또는 계통 외 도전성 부분에서의 접지선으로 의료용 접지 센터로 집합되는 것
- **의료용 접지 센터 보디** : 접지 분기선을 집합하여 접지 간선으로 접속하기 위한 것으로 분기 바, 리드선, 시험 단자 등으로 구성되는 것

- **의료용 접지 센터** : 의료용 접지 센터 보디를 수용하는 외함을 포함한 것의 총칭
- **의료용 접지 단자** : 접지 분기선과 접지 코드를 접속하기 위한 단자 세트
- **접지 코드** : 의료용 전기 기기 등에 보호 접지 또는 등전위 접지를 하기 위한 단심 코드

〔4〕 의료용 접지 방식

(1) 의료용 전기 기기를 사용하는 의료실에는 보호 접지를 위한 설비를 시설할 것

(2) 심장에 아주 근접한 체내 또는 심장에 직접 의료용 전기 기기의 전극 등을 삽입 하여 의료를 하는 의료실에는 등전위 접지를 위한 설비를 시설할 것

의료실에서의 적용 예에 대해 **표 23.1**에 참고표를 나타내었다.

표 23.1 **의료용 접지 방식, 비접지 배선 방식 및 비상 전원의 적용 예**

의 료 실[1]	의료용 접지 방식		비접지 배선 방식	비 상 전 위[2]		
	보호 접지	등전위 접지		일 반	특 별	순시 특별
흉부 수술실	○	○	○	○	△	○
흉부 수술실 이외의 수술실	○	△	○	○	△	○
회복실	○	△	△	○	△	—
ICU(집중 치료실)	○	○	△	○	△	—
CCU(관상동맥질환 집중 치료실)	○	○	△	○	△	—
중환자실	○	△	△	○	△	—
심장 카테테르 검사실	○	○	○	○	×	△
심혈관 X선 촬영실	○	○	○	○	△	△
분만실	○	△	△	○	×	△
생리 검사실	○	△	×	△	×	—
내시경실	○	△	×	△	×	—
X선 검사실	○	×	×	△	×	—
진통실	○	×	×	△	×	—
일반병실	○	×	×	△	×	—
진찰실	○	—	—	△	—	—
검체 검사실	○			△		—

기호의 의미　○ : 설치해야 한다　　　△ : 설치하는 것이 바람직하다
　　　　　　 × : 설치하지 않아도 된다　　— : 해당 없음
(주) 1) 이 표의 의료실명은 예시이다.
　　 2) 비상 전원은 의료실 이외의 전기 설비에도 적용된다.

〔5〕 보호 접지

(1) 의료실마다 의료용 접지 센터, 의료용 콘센트 및 의료용 접지 단자를 시설할 것

(2) 의료용 콘센트 및 의료용 접지 단자의 접지용 리드선은 접지 분기선을 이용해 의료용 접지 센터의 리드선에 각각 직접 접속할 것

(3) 접지 분기선은 공칭 단면적이 $5.5\,mm^2$ 이상인 600V 비닐 절연 전선으로 절연체의 색이 녹색/황색 또는 녹색인 것을 사용할 것

(4) 의료용 콘센트의 접지극 클립 또는 의료용 접지 단자의 단자부와 의료용 접지 센터간의 전기 저항은, 무부하 전압이 6V 이하인 교류 전원에 의해서 10~25A의 전류를 흘려 전압 강하법으로 측정했을 때 $0.1\,\Omega$ 이하일 것

(5) X선 장치 등 거치형 의료용 전기 기기의 보호 접지는 그 노출 도전성 부분을 공칭 단면적이 **표 23.2**에 적합한 600V 비닐 절연 전선으로 하고 절연체의 색이 녹색/황색 또는 녹색인 접지선을 사용하여 다음과 같이 접속할 것

표 23.2 거치형 장치 등의 접지선 굵기

거치형 장치 등의 저압 전로 전원측에 시설되는 과전류 차단기 중 정격 전류의 최소 용량 [A]	접지선의 굵기 (동) (최소) [mm²]
100 이하	5.5
200 이하	14
400 이하	22
600 이하	38
800 이하	50
1,000 이하	60
1,200 이하	80

(비고) 접지 간선을 전원 변압기의 제2종 접지 공사와 금속체 등으로 연락하지 않는 경우는, 이 표에 의해서 얻어지는 값이 $14\,mm^2$를 초과하는 부분에 관해서는 $14\,mm^2$인 것을 사용해도 된다.

a. 접지선의 공칭 단면적이 $5.5\,mm^2$인 경우는 장치를 설비하는 의료실에 설치한 의료용 접지 센터의 리드선에 접지선을 직접 접속한다.

b. 접지선의 공칭 단면적이 $14\,mm^2$ 이상인 경우는 장치를 설비하는 의료실에 설치한 의료용 접지 센터에 근접한 장소에 설치한 풀 박스내에서 접지 간선에 접지선을 접속한다.

　　이 경우 풀 박스내의 접속점에서 건물의 철골이나 철근 또는 접지극에 이르는 접지 간선의 굵기는 표 23.2에 적합한 것으로 하고, 또 접지 간선은 다른 의료실과 공용으로 하지 않고 전용으로 할 것(그림 23.1 참조)

(6) 의료실의 전원 회로에는 고속 고감도형 누전 차단기를 시설할 것. 단, 바닥위 높이 $2.3\,m$를 초과해 설치하는 조명 기구의 전원 회로는 해당되지 않는다.

〔6〕 등전위 접지

(1) 의료를 시행하기 위해 환자가 차지하는 장소에서 수평 방향으로 2.5 m, 바닥위 높이 2.3 m 내의 범위(**그림 23.2** 참조)에 있는 고정 설비의 노출 도전성 부분 및 계통외 도전성 부분을 접지 분기선을 이용해 의료용 접지 센터의 리드선에 각각 직접 접속할 것. 이 경우 환자 한사람에 대한 상기 범위 내에서 등전위 접지에 이용되는 의료용 접지 센터는 동일한 것으로 할 것. 또한 계통외 도전성 부분에서 표면적이 0.02 m² 이하인 것은 등전위 접지를 실시하는 대상에서 제외할 수 있다.

(2) 등전위 접지를 실시한 도전성 부분과 의료용 접지 센터간의 전기 저항은 무부하 전압이 6V 이하인 교류 전원으로 10~25A의 전류를 흘려 전압 강하법으로 측정했을 때 0.1Ω 이하일 것

(3) 바닥이 도전성인 수술실 등에서 바닥의 깔개로 사용되는 동 테이프 또는 금속망 등은 원칙적으로 의료용 접지 센터에 접속할 것

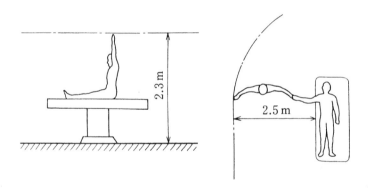

그림 23.2 등전위 접지의 범위

〔7〕 접지 간선

(1) 철골조, 철근 콘크리트조 및 철골 철근 콘크리트조의 건물의 경우 접지극에서 의료실이 있는 층까지의 접지 간선은 건물의 철골 또는 두 가닥 이상의 주철근을 사용할 것

(2) 건물의 철골 또는 철근 이외의 접지 간선은 공칭 단면적이 14 mm² 이상인 600V 비닐 절연 전선으로 절연체의 색이 녹색/황색 또는 녹색인 것을 사용할 것

(3) 철골조, 철근 콘크리트조 및 철골 철근 콘크리트조의 건물의 경우 의료실이 2개 이상이면 의료용 접지 센터가 필요한데 여기에 접속하기 위해 가로지르는 접지 간

선은 건물의 철골 또는 두 가닥 이상의 주철근에 두 군데 이상으로 접속할 것

(4) 접지 간선을 의료용 접지 센터에 접속하는 경우, 의료용 접지 센터 보디의 리드선 두 개를 일괄적으로 사용할 것

〔8〕 접지극

(1) 철골조, 철근 콘크리트조 및 철골 철근 콘크리트조의 건물에서는 그 건축 구조체의 지하부분을 접지극으로서 사용할 것

(2) 철골조, 철근 콘크리트조 및 철골 철근 콘크리트조의 건물 이외에 있어서, 전용 접지극을 박거나 또는 매설하는 경우는 아연도금 강봉, 동피복 강봉, 동봉, 아연도금 강관, 스테인리스강 강관, 탄소피복 강봉, 동판 등을 사용하고 가급적 물기가 있으면서 가스, 산 등으로 인하여 부식될 우려가 없는 장소를 선정하여 지중에 매설 또는 박을 것

(3) 의료용 접지 방식에 사용되는 접지 저항값은 원칙적으로 10Ω 이하로 할 것. 10Ω 이하로 하기가 곤란하면 의료실에 등전위 접지 배전을 함으로써 접지 저항값을 100Ω 이하로 할 수 있다.

(4) 건물의 건축 구조체의 지하 부분을 사용한 접지극의 접지 저항값은 부록(피뢰 설비의 경우와 같다)에서 제시하는 방법으로 계산해도 된다.

24. 각종 접지 공사의 세목

전기(電技)에서는 제1종, 제2종, 제3종 및 특별 제3종 접지 공사의 4종류로 정하고 있다(제18조). 이 절에서는 이들 접지 공사에 관련된 상세 사항을 소개한다.

〔1〕 접지선 굵기의 규정

접지선의 굵기는 電技 제19조(각종 접지 공사의 세목)에서 각종 접지 공사마다 최소 굵기를 정하여 고장이 났을 때 흐르는 전류를 안전하게 통과시킬 수 있는 굵기를 사용하도록 규정되어 있다(**표 24.1**).

표 24.1 접지선의 최소 굵기 (電技 제19조) (연동선)

접지 공사의 종류	접 지 선 의 굵 기
제1종 접지 공사	지름 2.6 mm
제2종 접지 공사	지름 4 mm (고압 전로 또는 제142조 제1항에 규정하는 특별 고압 가공 전선로의 전로와 저압 전로를 변압기로 결합하는 경우는 지름 2.6 mm)
제3종 접지 공사 및 특별 제3종 접지 공사	지름 1.6mm

접지선의 선정은 기계적 강도, 내식성 및 전류 용량이라는 세 가지 점에서 검토해야 하며, 특히 접지선에 고장 전류가 흘렀을 경우, 전원측의 과전류 차단기가 동작하기 전에 접지선이 녹아 끊어졌을 경우에는 절연 파괴가 일어난 기기에 송전이 계속되어 기기 외함이 충전 상태로 된다. 이렇게 되면 접지 공사의 목적을 달성할 수 없기 때문에 접지선 굵기를 선정할 때는 전류 용량을 중시할 필요가 있다.

때문에 내선규정에서는 접지선의 전원측에 시설한 과전류 차단기의 동작 특성과 관련하여 접지선의 굵기를 선정하도록 하고, 각 접지 공사마다 접지선의 굵기를 **표 24.2 ~표 24.4**와 같이 규정하고 있다.

〔2〕 접지선의 굵기를 구하는 계산식

내선규정의 부록 1-6에 다음과 같이 기술하고 있다.

(1) 접지선의 온도 상승 : 동선에 단시간 전류가 흘렀을 경우 온도 상승은 일반적으로 다음과 같은 식으로 주어진다.

표 24.2 **제3종 또는 특별 제3종 접지 공사의 접지선의 굵기**

접지하는 기계 기구의 금속제 외함, 배관 등의 저압 전로의 전원측에 시설되는 과전류 차단기 중 정격 전류의 최소 용량	접 지 선 의 굵 기			
	일 반 적 인 경 우		이동하여 사용하는 기계 기구에 접지를 실시함에 있어 가요성을 필요로 하는 부분에 코드 또는 캡타이어 케이블을 사용하는 경우	
	동	알루미늄	단심의 굵기	2심을 접지선으로 사용하는 경우의 1심의 굵기
20 A 이하	1.6 mm 이상 2 mm^2 이상	2.6 mm 이상	1.25 mm^2 이상	0.75 mm^2 이상
30 A 이하	1.6 mm 이상 2 mm^2 이상	2.6 mm 이상	2 mm^2 이상	1.25 mm^2 이상
50 A 이하	2.0 mm 이상 3.5 mm^2 이상	2.6 mm 이상	3.5 mm^2 이상	2 mm^2 이상
100 A 이하	2.6 mm 이상 5.5 mm^2 이상	3.2 mm 이상	5.5 mm^2 이상	3.5 mm^2 이상
150 A 이하	8 mm^2 이상	14 mm^2 이상	8 mm^2 이상	5.5 mm^2 이상
200 A 이하	14 mm^2 이상	22 mm^2 이상	14 mm^2 이상	5.5 mm^2 이상
400 A 이하	22 mm^2 이상	38 mm^2 이상	22 mm^2 이상	14 mm^2 이상
600 A 이하	38 mm^2 이상	60 mm^2 이상	38 mm^2 이상	22 mm^2 이상
800 A 이하	60 mm^2 이상	80 mm^2 이상	50 mm^2 이상	30 mm^2 이상
1,000 A 이하	60 mm^2 이상	100 mm^2 이상	60 mm^2 이상	30 mm^2 이상
1,200 A 이하	100 mm^2 이상	125 mm^2 이상	80 mm^2 이상	38 mm^2 이상

(비고 1) 이 표에서 말하는 과전류 차단기는 인입구 장치용 또는 분기용으로 시설하는 것(개폐기가 과전류 차단기를 겸하는 경우를 포함)으로서 전자 개폐기와 같은 전동기의 과부하 보호기는 포함되지 않는다.

(비고 2) 코드 또는 캡타이어 케이블을 사용하는 경우의 2심에서는 굵기가 동일한 2심을 병렬로 사용했을 때의 1심의 단면적을 나타낸다.

$$\theta = 0.008\left(\frac{I}{A}\right)^2 t$$

여기서, θ : 동선의 온도 상승 [℃]

I : 전류 [A]

A : 동선의 단면적 [mm^2]

t : 통전 시간 [s]

(2) 계산 조건 : 접지선의 굵기를 결정하기 위한 계산 조건은 다음과 같다.

  a. 접지선에 흐르는 고장 전류값은 전원측 과전류 차단기 정격 전류의 20배로 한다.

  b. 과전류 차단기는 정격 전류의 20배에서는 0.1초 이내에 차단되는 것으로 한다.

  c. 고장 전류가 흐르기 전의 접지선의 온도는 30℃로 한다.

  d. 고장 전류가 흘렀을 때의 접지선의 허용 온도는 150℃로 한다(따라서 허용 온도 상승은 120℃가 된다).

(3) 계산식 : 앞의 계산식에 위의 조건을 부가하면 다음과 같이 된다.

$$120 = 0.008 \left(\frac{20 I_n}{A} \right)^2 \times 0.1$$

즉, $A = 0.052 I_n$

여기서, I_n : 과전류 차단기의 정격 전류

〔3〕 접지선 굵기

제 3 종 및 특별 제 3 종 접지 공사에 허용되는 접지선의 굵기에 관한 **표 24.2**의 수치는 위의 계산식에서 얻은 것이다.

표 24.2에서는 접지선의 전원측에 시설된 과전류 차단기의 정격 전류에 의해 접지선의 굵기를 선정한다. 마찬가지로 제 2 종 접지 공사에 허용되는 접지선의 굵기는 **표 24.3**과 같이 규정되고 있다. 이것은 제 3 종 접지 공사의 경우와 같은 개념으로 정해진 것이다.

표 24.3 제2종 접지 공사의 접지선 굵기

변압기 1상분의 용량			접지선의 굵기	
100V급	200V급	400V급 500V급	동	알루미늄
5 kVA까지	10 kVA까지	20 kVA까지	2.6 mm 이상	3.2 mm 이상
10 kVA까지	20 kVA까지	40 kVA까지	3.2 mm 이상	14 mm^2 이상
20 kVA까지	40 kVA까지	75 kVA까지	14 mm^2 이상	22 mm^2 이상
40 kVA까지	75 kVA까지	150 kVA까지	22 mm^2 이상	38 mm^2 이상
60 kVA까지	125 kVA까지	250 kVA까지	38 mm^2 이상	60 mm^2 이상
75 kVA까지	150 kVA까지	300 kVA까지	60 mm^2 이상	80 mm^2 이상
100 kVA까지	200 kVA까지	400 kVA까지	60 mm^2 이상	100 mm^2 이상
125 kVA까지	250 kVA까지	500 kVA까지	100 mm^2 이상	125 mm^2 이상

(비고 1) 이 표의 산정 기초에 관해서는 부록 1-6을 참조할 것.
(비고 2) 「변압기 1상분의 용량」이란 다음과 같은 값을 말한다.
  (1) 3상 변압기의 경우는 정격 용량의 1/3을 말한다.
  (2) 단상 변압기에서 같은 용량의 △결선 또는 人결선인 경우는 단상 변압기 1대분의 정격 용량을 말한다.
  (3) 단상 변압기 V결선인 경우
    a. 같은 용량의 V결선인 경우는 단상 변압기 1대분의 정격 용량을 말한다.
    b. 다른 용량의 V결선인 경우는 큰 용량의 단상 변압기의 정격 용량을 말한다.
(비고 3) 저압측이 하나의 차단기로 보호되는 변압기가 2뱅크 이상인 경우의 「변압기 1상분의 용량」은 각 변압기에 대한 (비고 2)의 용량의 합계로 한다.
(비고 4) 저압측이 다선식인 경우는 그 최대 사용 전압으로 통용한다. 예를 들면, 단상 3선식 100/200V인 경우는 200V급으로 통용한다.

표 24.4 제1종 접지 공사의 접지선 굵기

제1종 접지 공사의 접지선 부분	접지선의 종류	접지선의 굵기	
		동	알루미늄
고정시켜 사용하는 전기 기계 기구에 접지 공사를 실시하는 경우 및 이동하며 사용하는 전기 기계 기구에 접지 공사를 실시하는 경우에 가요성을 필요로 하지 않는 경우	–	2.6 mm 이상 (5.5 mm² 이상)	3.2 mm 이상
이동하며 사용하는 전기 기계 기구에 접지 공사를 실시하는 경우 가요성을 필요로 하는 부분	3종 클로로프렌 캡타이어 케이블, 3종 클로로술폰화 폴리에틸렌 캡타이어 케이블, 4종 클로로프렌 캡타이어 케이블, 4종 클로로술폰화 폴리에틸렌 캡타이어 케이블의 1심 또는 다심 캡타이어 케이블 혹은 고압용 캡타이어 케이블 혹은 고압용 캡타이어 케이블의 차폐 금속체 혹은 접지용 금속선	8 mm² 이상	–

(비고) 이 표는 비접지식 고압 전로에 전기 기계 기구를 접속하는 경우의 최저 기준을 나타낸다.

제 1 종 접지 공사에 허용되는 접지선의 굵기는 **표 24.4**와 같이 규정되고 있지만 이 경우는 최저 전선 굵기를 나타내고 있다.

사람이 접촉될 우려가 있는 제 1 종 및 제 2 종 접지 공사의 접지선에 대해 지하 75 cm에서 지표상 2 m까지는 전기용품 안전관리법의 적용을 받는 합성 수지관(CD관을 제외)으로 덮고 해당 접지선에는 절연 전선(옥외용 비닐 절연 전선을 제외), 캡타이어 케이블 또는 통신용 케이블 이외의 케이블을 사용하도록 규정하고 있다(**그림 24.1**).

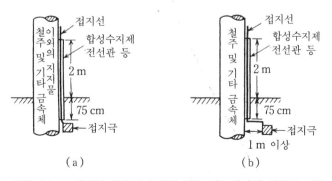

그림 24.1 사람이 접촉될 우려가 있는 장소에서의 접지선 시설

또 접지선을 철주나 기타 금속체를 따라 시설하는 경우에는 접지극을 지중에서 그 금속체로부터 1 m 이상 떨어진 거리에 매설한다.

내선규정에서는 제 1 종, 제 2 종, 제 3 종, 특별 제 3 종 접지 공사에 대해 원칙적으로 절연 전선을 사용하고, 접지선의 오접속을 방지하기 위해 원칙적으로 녹색 표시가 된 것을 사용하도록 규정하고 있다.

〔4〕 접지극

접지 저항은 지속적으로 규정값을 유지해야 하기 때문에 접지극은 부식되지 않는 재료를 선정해야 한다. 또 접지선과 접지극의 접속도 확실한 방법에 의하지 않으면 안된다.

수도관 등의 접지극 및 수요장소의 인입구 접지에서는 접지극도 규정하고 있지만, 내선규정 140-7조(접지극)에서는 시설 장소의 선정과 함께 매설 또는 박는 접지극에 대해 원칙적으로 다음의 것을 사용하도록 규정되어 있다.

(1) 동판은 두께 0.7 mm 이상, 넓이는 900 cm^2(한쪽면) 이상인 것

(2) 동봉 또는 동피복 강봉은 지름 8 mm 이상, 길이 0.9 m 이상인 것

(3) 철관은 아연도금 가스 철관 또는 후강 전선관으로 외경 25 mm 이상, 길이 0.9 m 이상인 것

(4) 철봉은 아연도금한 것으로서 지름 12 mm 이상, 길이 0.9 m 이상인 것

(5) 동복 강판은 두께 1.6 mm 이상, 길이 0.9 m 이상으로 면적이 250 cm^2(한쪽면) 이상인 것

(6) 탄소 피복 강봉은 강심으로 지름 8 mm 이상, 길이 0.9 m 이상인 것

25. 접지의 공용과 독립

접지를 필요로 하는 설비가 다수 있는 경우에, 개개의 설비에 관하여 각각 독립적으로 접지 공사를 해야 할 것인가, 그렇지 않으면 몇 개의 설비를 통합하여 공통의 접지 공사를 해야 할 것인가는 오래전부터 거론되어 왔던 문제이다.

〔1〕 접지의 독립이라는 의미

접지의 공용과 독립이라는 문제를 논하는 데에는 먼저 접지의 독립이라는 의미를 명백하게 해야 한다.

설비가 복수인 경우, 각각 개별적으로 접지 공사를 하는 것을 **독립 접지**라 한다(**그림 25.1**).

이상적인 독립 접지는 간단하지 않다. 여기서 이상적인 독립 접지란 두 개의 접지가 있는 경우(**그림 25.2**) 한쪽의 접지 전극에 접지 전류가 아무리 흘러도 다른쪽의 접지 전극에는 전혀 전위 상승을 일으키지 않게 하는 경우이다. 이상적으로는 두 개의 접지 전극이 무한히 떨어져 있지 않는 한 완전한 독립은 불가능하다.

물론 현실적으로는 전위 상승이 일정한 범위에 들어서면 상호간에 완전히 독립된 것으로 본다. 그 이격(離隔) 거리는 다음과 같은 세 가지 요인에 의존한다.

(1) 발생하는 접지 전류의 최대값

(2) 전위 상승의 허용값

(3) 그 지점의 대지 저항률

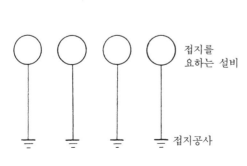

그림 25.1 **독립 접지**

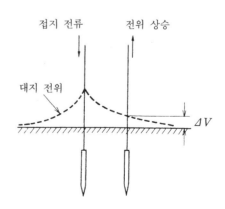

그림 25.2 **두 개의 접지 전극의 이격**

독일의 W. Schrank라는 사람은 두 개의 접지 전극은 20 m 이상 떨어져 있지 않으면 상호간에 완전히 독립되지 않는 것이라고 말했다(ETZ, 70, Juli, 1949). 이것은 이상(異相) 지락시와 같은 큰 접지 전류를 상정했을 때의 결론이라 본다.

20 m의 이격 거리란 현실적으로는 거의 불가능한 수치이다. 모든 접지 전극에 관하여 이상 지락시와 같은 큰 접지 전류를 상정할 필요는 없다.

접지 전류의 크기뿐 아니라 그 발생 확률과 단속(斷續) 시간도 아울러 고려해야 한다. 접지 전류가 작아도 다른 지점의 대지 저항률이 높으면 전위 상승이 높아지므로 그 만큼 이격 거리를 크게 해야만 된다.

〔2〕 접지 공용의 이점

몇 개의 설비를 통합하여 공통의 접지 전극(한 개 이상일 수도 있다)에 연결하는 접지 공사를 **공용 접지**라 부른다(**그림 25.3**). 일반적으로 공용 접지에는 다음과 같은 이점이 있다.

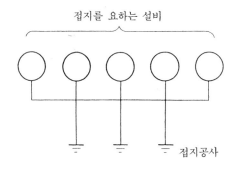

그림 25.3 **공용 접지**

(1) 다수의 접지 전극이 병렬로 연결되므로 독립 접지의 경우에 비해 종합 접지 저항이 낮아진다.

(2) 총 접지 전극수가 감소되므로 독립 접지의 경우에 비해 경제적이다.

접지 저항이 낮아져 경제적인 이점이 있다. 단, (1)의 병렬 접지에 관해서는 이른바 **집합 효과**라는 문제가 생긴다. 이에 관해서는 ⑭에서 기술했다. 이론적으로는 전극 간격을 무한대로 하지 않는 한 집합 효과는 없어지지 않는다. 물론 실제로 그렇게 할 필요는 없다.

어쨌든 병렬 접지에서는 전극 간격이 좁아지면 그 효과가 희박해진다는 데에 주의한다.

〔3〕 접지 공용의 문제점

상술한 바와 같이 공용 접지는 이점이 있다. 그러나 공용 접지에는 이점뿐만 아니라 문제점도 있다. 공용 접지의 문제점은 한마디로 말해 **전위 상승의 파급 위험**이다.

공용 접지의 경우, 접지를 공용하고 있는 설비중 어느 하나에서 접지 전류가 발생하면 그것은 대지로 유출되어 간다(**그림 25.4**). 그 경우 각 접지 전극에는 반드시 약간의 접지 저항이 있기 때문에 접지점의 전위가 옴의 법칙에 따라 상승한다.

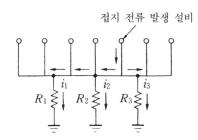

접지 전류 발생 설비

R_1, R_2, R_3 : 각 접지 전극의 접지 저항
i_1, i_2, i_3 : 각 접지 전류
$i_1R_1 = i_2R_2 = i_3R_3$: 전위 상승

그림 25.4 접지 전위의 상승

독립 접지라면 접지 전류에 의한 전위 상승은 그 전극에서만 일어나고 다른 곳으로는 파급되지 않는다(물론 이상적인 독립 접지로 가정했을 경우이다).

이에 대해서 공용 접지의 경우는 접지 전류에 의한 전위 상승이 접지를 공용하고 있는 전체 설비로 파급된다.

따라서 접지를 공용하는 경우에는 공용 접지에 의해서 상호간에 결부되어 있는 한 군(群)의 설비를 다음과 같은 관점에서 확인할 필요가 있다.

(1) **발생하는 접지 전류의 성질** : 접지 전류의 크기, 단속 시간, 발생 확률은 다양하다. 예를 들면 피뢰침, 피뢰기에서는 큰 접지 전류가 발생할 가능성이 있지만 단속 시간이 짧고 그 발생 확률 또한 높지 않다.

이에 대해서 제2 접지 공사의 접지 전극에는 부하 기기에서의 누설 전류가 하나로 모여 환류되므로, 장시간에 걸쳐 이러한 접지 전류가 흐를 가능성이 있다(**그림 25.5**).

(2) **전위 상승이 기기에 미치는 영향** : 부하 기기 중에는 접지선에서 전위상승이 침입해 오는 것을 특히 꺼리는 것이 있다. 예를 들면 컴퓨터, 의료용 전기 설비, 각종

고감도 측정장치 등이 여기에 속한다. 컴퓨터와 그 주변 장치의 경우 접지선에서 임펄스가 들어 가면 계산 오류의 원인이 된다. 의료용 전기 설비인 경우에 접지선의 전위 상승은 환자의 감전 사고를 초래한다. 또 접지선에서 측정 장치로 전압이 들어간다는 것은 노이즈가 들어가는 것과 같다.

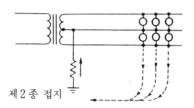

제2종 접지

**그림 25.5 제2종 접지에서의 누설 전류(부하의 누설 전류
는 하나로 모여 제2종 접지로 환류된다)**

아낌없이 투자하여 접지 공사를 할 수 있다면 모든 설비의 접지를 개별적으로 하는 것이 가장 무난할 것이다. 그러나 현실적으로는 접지에 드는 비용에는 한도가 있고 용지 및 기타 객관적인 조건도 독립 접지를 다수 시설하는 것을 불가능하게 한다.

결국 조건이 엄격한 설비만을 최소 한도로 독립 접지로 하고 나머지는 전부 공용으로 하는 것이 현실적이다. 이 경우 무엇을 독립접지로 하고 무엇을 공용으로 할 것인가는 사람에 따라 견해가 다르다.

큐비클식 고압 수전 설비의 접지를 예로 살펴 보기로 한다. 일찌기 큐비클의 접지 접속은 **그림 25.6**과 같이 행해지고 있었다.

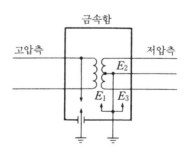

그림 25.6 큐비클 접지

(1) 제1종, 제2종, 제3종 접지는 공용으로 하고 금속함도 함께 접속한다.

(2) 피뢰기의 접지는 독립으로 하고, 금속함으로부터 절연한다.

이 방식은 피뢰기가 방전했을 경우에 뇌 방전 전류에 의해서 접지 전위가 높아질 가능성이 있으므로, 그에 따른 피해를 우려하여 피뢰기만을 독립한 것으로 이해할 수 있다. 확실히 접지 전류로서는 피뢰기에서 가장 큰 전류가 발생할 가능성이 있으므로 이것을 독립으로 접지하는 것은 당연하다.

큐비클의 부하 기기에서 절연이 저하하여 누설 전류가 발생하면 그것은 전부 제2종 접지에도 전해져 접지점 전위가 상승한다. 그 접지 전류는 뇌 방전 전류보다 크지는 않지만, 발생 확률이 높고 또 장시간 지속적으로 흐를 우려가 있다.

제2종 접지와 제1종, 제3종 접지가 공용으로 되어 있고 금속함도 함께 연결되어 있으면 그들 전위는 모두 제2접종 접지와 함께 상승한다. 실제로 큐비클의 내부를 검사하려던 검사원이 금속함에 접촉하여 감전되었던 사고가 있었다. 그래서 현재는 큐비클의 제2종 접지는 다른 접지와는 공용하지 않고 독립 접지로 하고 있다. 이렇게 하면 감전 사고는 방지할 수 있지만 접지 공사의 수가 하나 더 증가하게 된다.

26. 접지의 관리

접지의 관리에 고려해야 할 문제로서 (1) 접지 저항의 변화, (2) 접지 전극의 부식을 들 수 있다. (1)의 문제는 정기적으로 접지 저항을 측정하는 것이 최선으로 이에 관해서는 다음 절에서 기술한다. 이 절에서는 주로 (2)의 문제를 다룬다.

〔1〕 접지 전극의 조건

접지는 전선과 같이 동질간의 접속이 아니라 접지 전극과 대지라는 서로 성질이 전혀 다른 것 사이의 접속이다. 이것이 항구적인 접지 공사를 어렵게 하고 있어 접지 전극에 사용되는 재료에도 각종 엄격한 조건이 부과된다.

접지 전극의 재료에 부과되는 조건은 :

(1) 전기적 단자로서 사용되는 것이기 때문에 그 자체의 저항이 충분히 낮을 것

(2) 접지 전극은 접지 공사에서 인력 또는 기계력으로 대지에 박히는 것이므로 충분한 기계적 강도를 가질 것

(3) 물과 공기를 포함하는 토양 속에 장기간 매설되어도 부식에 의한 큰 변화가 없을 것

(4) 지중의 구조물이나 매설 관로류와 접촉되어도 전지 작용에 의한 부식 촉진을 수반하지 않을 것

(5) 경제적일 것

이상의 조건 가운데 근래에 들어서는 **부식**에 관한 (3)과 (4)의 조건이 중요시되고 있다.

그 이유는 첫째로, 최근 해변의 매립지에 대규모 각종 공장집단이 많이 건설되었기 때문이다. 해변의 매립지는 부식 환경으로서, 엄격한 주의를 요하는 장소이며, 더욱이 공장 집단에 시설되는 접지는 특히 확실한 안전확보를 요하기 때문이다.

접지 전극의 부식이 특히 주목되고 있는 둘째 이유는, 최근 대도시에서 지하 이용에 대한 관심이 늘고 있기 때문이다. 지중에는 탱크 등의 구조물이나 수도관, 전력 케이블 등의 관로류가 다수 매설되어 있다. 접지 전극이 이들 구조물이나 관로류와 지중에서 접촉했을 경우에 전지를 형성하여 이른바 **갈바니 부식**(galvanic corrosion)을 일으킬 우려가 있기 때문이다.

근래에 들어 이와 같이 접지 전극의 부식이 새롭게 문제가 되고 있지만 금속의 부식

현상은 금속측과 환경측의 많은 인자, 특히 양자의 불균일성에 강한 영향을 받고 있으므로 접지 전극의 내구성 평가는 상당히 복잡한 문제이다.

〔2〕 접지 전극의 토양 부식의 특징

접지 전극은 대부분 금속으로 되어 있는데 탄소 접지봉과 같은 예외도 있다. 접지 전극에는 단체(單體)인 금속도 사용되지만 합금이나 화합물도 사용되고 있고 또 두 종류 이상의 재료를 조합한 복합형이 많다. 표면을 이종 금속으로 도금한 것도 있다.

그렇다면 부식이란 한마디로 「**금속이 화학적으로 침해되는 현상**」이다. 부식은 그 환경에 따라서 **그림 26.1**과 같이 분류되고 있다. 습식은 용액의 작용에 의한 부식이고 건식은 수분이 없는 환경에서의 부식이다.

토양 속에는 반드시 수분이 있으므로 접지 전극의 토양 부식은 수용액에 의한 **습식**에 속한다.

수용액으로 인한 금속의 부식에는 **산소형 부식**과 **수소형 부식**이 있다. 접지 전극은 비교적 얕은 장소(지하 $10 \, m$ 이내)에 매설되므로 항상 어느 정도의 산소가 공급되고 있고, 따라서 산소형 부식이 진행된다고 볼 수 있다.

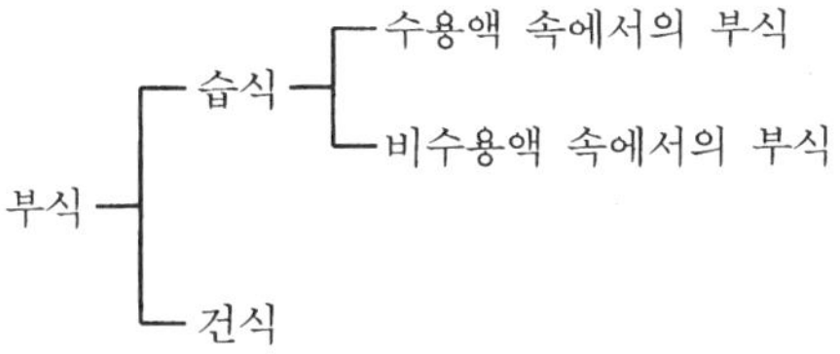

표 26.1 자유 에너지의 변화 (산소형(酸素型) 부식)

금속	생성물	산소형 부식의 자유 에너지 변화 [cal/mol]
Fe	Fe_3O_4	$-80,000$
	$Fe(OH)_2$	$-58,500$
	$Fe(OH)_3$	$-80,000$
Al	Al_2O_3	$-377,000$
	$Al(OH)_3$	$-180,700$
Cu	Cu_2O	$-18,600$
	$Cu(OH)_2$	$-28,300$
	CuO	$-31,500$

(산소분압=0.21기압)

```
                  ┌ 수용액 속에서의 부식
           ┌ 습식 ┤
           │      └ 비수용액 속에서의 부식
    부식 ──┤
           │
           └ 건식
```

그림 26.1 부식의 분류

표 26.1에 접지 전극 재료에 포함되는 주된 원소를 열거하고 이들 원소가 산소형 부식을 일으킬 때의 자유 에너지 변화를 나타내었다.

자연적으로 일어나는 변화는 에너지가 높은 상태에서 낮은 상태로 이행한다. 즉, 열역학적으로 표현하면 자유 에너지가 감소되는 방향으로 진행된다.

표 26.1에서 자유 에너지 변화가 음(−)이라는 것은 부식 생성물이 금속보다도 안정

하다는 것을 나타내고 있다.

즉, 접지 전극으로서 사용되는 이들 원소에서는 모두 산소형 부식이 진행된다. 따라서 이들 금속 원소가 녹이라는 숙명 자체를 변화시킬 수는 없다.

〔3〕 접지 전극의 토양 부식 형태

수용액에 의한 금속의 부식은 본질적으로 전기 화학적 메커니즘에 의해서 일어나는 금속의 이온화 반응이다.

금속이 이온으로 되어 용해하려는 경향은 금속과 액체와의 계면에 존재하는 전위차, 즉 **전극 전위**로 표현할 수 있다.

금속이 주어진 환경에서 실제로 나타내는 전위를 자연 전극 전위라 한다. 각종 금속 및 합금의 **자연 전극 전위**를 높은 것에서 낮은 것의 순으로 나열한 것을 **자연 전위열**이라 한다. **표 26.2**에 바닷물 속에서의 각종 금속 및 합금의 자연 전위열을 나타내었다.

자연 전위열에서 떨어져 있는 2종의 금속을 조합하면 전위열이 낮은 금속이 양극으로 되고 높은 금속이 음극으로 되어 전지를 형성하는데, 이때 전자가 용해한다.

표 26.2 **해수 중의 금속의 자연 전위열** (포화 염화제일수은 기준)

높음	스테인리스강(18Cr-8Ni-3Mo)	-0.04
↑	스테인리스강(18Cr-8Ni)	-0.08
	동	-0.17
	(표준수소전극) H_2/H^+	-0.24
	스테인리스강(18Cr-8Ni)활성	-0.28
↓	동·주철	-0.45~0.65
낮음	알루미늄	-0.78

접지 전극의 토양 부식 형태로는 다음의 다섯 종류가 있다.

(1) 국부 전지 부식(마이크로 셀 부식) : 금속의 표면은 결코 한결같지 않고 미시적으로 보면 불순물, 산화물 및 기타 피막, 흐트러진 결정 구조 등에 의해서 매우 불균일한 상태에 있다. 즉, 동일 금속도 전극 전위는 부분적으로 모두 다르다. 이 부분적인 전위차에 의해서 국부 전지가 형성되어 부식이 진행되는 것이 국부 전지 부식이다.

(2) 농담(濃淡) 전지 부식(매크로 셀 부식) : 동일 금속이 부위에 따라 용액속의 염류 농도나 산소 등의 용존 기체량이 달라지는 경우 금속 표면에 양극 부분과 음극 부분이 형성되어 양극 부분이 부식한다. 가장 중요한 것은 통기(通氣) 차이에 기인하

여 형성되는 산소 농담 전지(통기차 전지)이다.

(3) 이종(異種) 금속 접촉 부식(갈바니 부식) : 이종 금속의 결합으로 거대한 전지를 형성하여 부식하는 경우이다.

(4) 전식(電食) : 매설 금속체에 어떠한 원인으로 외부에서 전류가 흘러 부식하는 경우이다.

(5) 세균 부식 : 매설 금속체의 부식은 토양에 생식하는 세균에 의해서 현저하게 촉진된다. 그 대표적인 것은 황산염 환원 박테리아로 pH 6~8로 산소 농도가 낮은 점토질 토양 속에서 가장 번식하기 쉬운 염기성 세균이다.

〔4〕 접지 전극의 부식 환경

電電公社의 조사에 의해 전국의 가입자 보안 기용의 접지 1544개소를 무작위로 추출하여 그 접지 저항을 측정했던 바 **표 26.3**과 같은 결과를 얻었다. 표 26.3을 보면 전체 접지봉의 약 1/3이 0~50Ω, 다음의 약 1/3이 51~100Ω, 마지막의 약 1/3이 101~300Ω의 범위에 있다. 접지봉의 길이를 0.5 m, 지름을 0.01 m로 하고 접지봉의 접지 저항식에서 위에서 설명한 세 그룹의 대지 저항률을 역산한 것이 **표 26.4**이다.

표 26.3 전화용 접지의 접지 저항 분포

접지 저항값 [Ω]	비율 [%]
0~ 50	31.5
51~ 100	29.0
101~ 300	29.8
301~ 500	5.6
501~1,000	3.2
1.001 이상	0.9

표 26.4 접지점의 대지 저항률 분포

그룹	접지 저항값 [Ω]	대지 저항률 [Ω·m]	비율
A	0~ 50	0~ 30	약 1/3
B	51~100	30~ 60	약 1/3
C	101~300	60~180	약 1/3

표 26.5 토양 저항률과 부식성

저항률 [Ω·m]		부식성
미 국	구소련	
60 이상	100 이상	약 하 다
10~60	20~100	보 통
1~10	5~20	강 하 다
0~1	0~5	아주 강하다

토양에서 일어나는 금속의 부식은 토양의 저항률에 의존한다. 파이프 라인과 같이 수평으로 긴 강재에 관한 저항률과 부식 정도의 관계를 미국과 구(舊)소련에서는 **표 26.5**와 같이 나타내었다.

표 26.4와 표 26.5를 비교해 보면 A 그룹과 B 그룹의 접지봉이 비교적 부식성이 강하고 C 그룹의 접지봉은 약하다는 것을 알 수 있다.

즉, 전화 가입자 보안기용의 접지봉 중에서 부식이 문제로 되는 것은 전체의 2/3이다. 이 비율은 다른 일반 접지에도 적용될 것이다.

27. 접지 저항의 측정법

접지 저항의 측정에는 통상의 전기 저항의 측정에서는 볼 수 없는 특수한 성질이 있다. 이 특수성을 잘 이해하여 측정하지 않으면 아무리 성능이 우수한 계기를 사용해도 오차가 커지게 된다.

〔1〕 전위 강하법

오늘날 접지 저항의 측정법으로서 가장 널리 사용되는 것은 **전위 강하법**(The fall of potential method)이다. 전위 강하법의 구성을 **그림 27.1**에 나타내었다. 그림에서 E는 측정대상이 되는 접지 전극이다. C, P는 측정용 보조 전극으로 E에서 적당히 떨어진 거리에 박혀 있다. C가 **전류 전극**, P가 **전위 전극**이다.

측정할 때는 EC간에 전원을 연결하고 대지에 전류를 흘린다. 전류로는 교류가 이용되는데 이것은 직류를 이용하면 전기화학적 작용이 발생하기 때문이다. 또 교류 주파수로는 전력 계통에서의 유도 신호를 분리하기 쉽도록 상용외의 주파수를 사용한다. 교류 주파수가 너무 높은 것을 사용하면 리드선의 인덕턴스나 용량이 영향을 주기 때문에 바람직하지 않다. 1 kHz 이하가 좋다.

다음으로 EP간의 전위차를 측정한다. 대지에 흘린 전류를 I[A], EP간의 전위차를 V[V]로 했을 경우에 V/I[Ω]을 접지 저항의 측정값으로 한다.

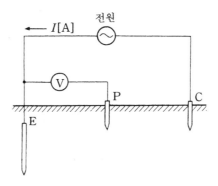

그림 27.1 전위강하법

〔2〕 보조 전극의 접지 저항

전위 강하법의 큰 특징은 두 개의 보조 전극의 접지 저항이 측정값에 영향을 주지 않는다는 점이다. 보조 전극도 접지 전극이기 때문에 접지 저항이 있다.

측정용의 보조 전극은 길이나 지름이 짧을 뿐만 아니라 접지 공사도 임시적이기 때문에 그 접지 저항은 대체적으로 높다. 또 측정 지점이나 시기에 따라 그 값이 변한다.

전류 전극 C의 접지 저항은 주회로 속에 들어 있어, 대지에 흐르는 전류의 크기에 영향을 준다. 그러나 전류값이 변하더라도 그것에 비례하여 EP간의 전위차가 변하므로 측정 결과 V/I로 일정한 값을 갖는다.

전위 전극 P의 접지 저항은 전위차 측정 회로 속에 들어 있다. 그래서 전위차 측정 장치로서 가급적 전류를 취하지 않는 것을 사용하면 P 전극의 접지 저항의 영향은 제거할 수 있다.

〔3〕 전위 분포 곡선

이상의 전위 강하법에 대한 설명에서 알 수 있듯이 전위 강하법의 측정 절차는 접지 저항의 정의대로이다. 절차는 정의대로이지만 내용에는 본질적인 차이가 있다. 그것은 보조 전극 C, P를 박는 위치이다.

접지 저항의 정의에서는 보조 전극의 위치에 관하여 추상적·이상적인 가정을 하고 있었다. 그러나 접지 저항의 측정은 구체적이고 현실적인 문제이기 때문에 보조 전극을 주접지 전극에서 유한한 거리내에 박을 수 밖에 없다. 보조 전극을 유한한 거리에 박으면 오차가 발생된다. 이 오차를 검토하는 하나의 수단이 전위 분포 곡선의 작성이다.

전위 분포 곡선의 예를 **그림 27.2**에 나타내었다. 이들 곡선은 다음과 같이 하여 그려진 것이다.

먼저 주접지 전극 E에서 일정한 거리를 두고 전류 전극 C를 박는다. 다음에 EC를 연결하는 선상에 전위 전극 P를 이동시키면서 EP간의 전위차를 측정해간다.

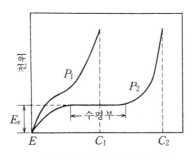

주접지 전극으로부터의 거리

그림 27.2 전위 분포 곡선

그리고 가로축을 EP간의 거리, 세로축을 전위차의 측정값으로 하여 플롯한 것이 전위 분포 곡선이다.

그림 27.2에서는 EC간의 거리를 C_1, C_2로 달리 했을 경우의 전위 분포 곡선 P_1, P_2를 그리고 있다. 전위 분포 곡선 P_1에는 중앙에 수평부가 없고, P_2에는 수평부가 발생하고 있다.

주접지 전극과 전류 전극이 지나치게 접근해 있으면 P_1과 같이 전위 분포 곡선에 수평부가 없다. 주접지 전극과 전류 전극을 충분하게 떼어 놓으면 전원 분포 곡선의 중앙에 수평부가 발생한다.

이것을 바꾸어 말하면 **전위 분포 곡선의 중앙에 수평부가 발생할 때까지 주접지 전극에서 전류 전극을 떼어 놓으면 양쪽 전극은 거의 무관계에 있다**고 판단해도 된다. 즉, 두 전극은 서로에게 더이상 영향을 끼치지 않는다고 보는 것이다.

그래서 수평부에서 측정한 전위차 E_x를 그때의 전류값으로 나누면 E의 접지 저항이 구해진다.

〔4〕 저항 구역

왜 주접지 전극과 전류 전극을 떼어 놓으면 전위 분포 곡선에 수평부가 발생하여 양쪽 전극은 무관계에 있다고 판단할 수 있는가? 이것을 설명하는 데에는 **저항 구역**이라는 개념을 도입할 필요가 있다.

원래부터 접지 저항은 접지 전극 주위의 대지 속에 포함되어 있다. 분포상태를 보면 접지 전극 부근이 가장 많고 접지 전극에서 멀어짐에 따라 적어진다. 그것은 지중에서의 전류 경로의 단면적이 급속히 확산되기 때문이다.

이론적으로 엄밀히 말하면 접지 저항은 무한 원격의 대지에까지 포함되어 있다. 그러나 실제 문제로서는 접지 저항의 대부분은 접지 전극을 중심으로 해서 유한한 범위내에 포함되어 있다고 보면 된다.

이와 같이 **접지 전극을 중심으로 하여 대부분의 접지 저항이 포함되어 있는 범위를 저항 구역이라 한다**(⑧ 참조).

〔5〕 전위 분포와 저항 구역

이야기를 전위 강하법으로 되돌아가기로 한다. 전위 강하법에서도 주접지 전극과 전류 전극에는 각각 저항 구역이 있다. 접지 저항을 정확히 측정하기 위해서는 양자의 저항 구역이 오버랩되지 않도록 해야 한다.

저항 구역과 전위 분포의 관계를 **그림 27.3**에 나타내었다. 이것은 고립된 전극의 경우이다. 고립된 전극에 전류를 흘렸을 경우, 지표면의 전위 상승은 저항 구역에서만 일어나고 밖으로는 미치지 않는다.

그림 27.4는 전위 강하법에서 E전극과 C전극이 너무 가까워 양쪽의 저항 구역이 오버랩되었을 경우이다. 이 경우에는 같은 그림 (b)에 나타낸 바와 같이 E전극과 C전극의 전위 상승을 합성한 결과가 최종적인 전위 분포 곡선(굵은 선)으로 되지만 중앙에 수평부는 발생하지 않는다.

이에 대해서 **그림 27.5**는 E전극과 C전극이 충분히 떨어져 있는 경우이다. 이 경우는 양쪽 전극의 저항 구역이 오버랩되지 않는다. 그 결과 전위 분포 곡선의 중앙에 수평부가 발생하고 있다.

즉, 전위 분포 곡선의 중앙에 수평부가 발생하면 주접지 전극과 전류 전극은 서로 무관계에 있다고 할 수 있으므로 이 수평부에 전위 전극을 박으면 정밀도가 높은 측정값이 얻어진다.

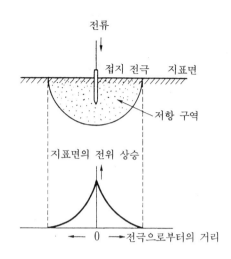

그림 27.3 저항 구역과 전위 분포

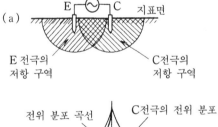

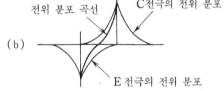

그림 27.4 저항 구역이 오버랩되었을 경우

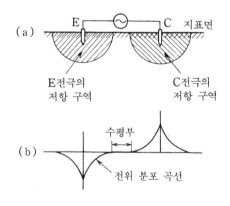

그림 27.5 E전극과 C전극이 충분히 떨어져 있는 경우

28. 대지 저항률의 측정법

대지 저항률의 측정법으로 가장 널리 이용되고 있는 것이 **베너의 4전극법**이다. 이 방법은 Frank Wenner가 1915년에 발표한 방법이다.

〔1〕 4전극법

베너의 4전극법의 전극 배치를 **그림 28.1**에 나타내었다. 네 개의 전극을 일직선상에 등간격으로 박는다.

전극 1과 4의 사이에 전원을 연결하고 대지에 전류를 흘린다. 그리고 전극 2와 3의 사이에 발생한 전위차를 측정한다. 전위차의 측정값을 그 때의 통전 전류값으로 나누면 겉보기 저항값 $R[\Omega]$을 구할 수 있다. 전극 간격을 $a[\text{m}]$라 하면 다음식으로부터 대지 저항률 $\rho[\Omega \cdot \text{m}]$를 구할 수 있다.

$$\rho = 2\pi a R$$

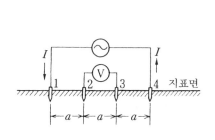

그림 28.1 베너의 4전극법

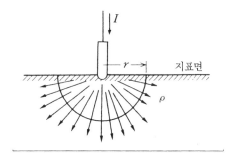

그림 28.2 전류의 분포

〔2〕 기본식의 근거

ρ에 관한 식을 유도해 본다.

그림 28.2에서 네 개의 전극 중에서 한 개가 대지 저항률이 ρ인 대지에 박혀 있다고 하자. 이 전극에 전류 I가 유입되고 있다고 하면 이 전류 I는 전극으로부터 주위의 대지로 방사상으로 유출되어 간다. 따라서 전극에서 거리 r인 지점의 전류 밀도를 i라 하면

$$i = \frac{I}{2\pi r^2}$$

전계 E 와 전류 밀도 i 는 다음과 같은 관계에 있다.

$$E = \rho i$$

따라서 전극에서 거리 r 인 지점의 전계는

$$E = \frac{\rho I}{2\pi r^2}$$

또, 전극에서 거리 r 인 지점의 전위를 V 라 하면 무한 원점일 때의 전위를 0으로 하여

$$V = \frac{\rho I}{2\pi r}$$

그림 28.1로 되돌아가 전극 1에 유입되는 전류 I 에 의한 전극 2의 전위는 앞의 식에 따라

$$V_{21} = \frac{\rho I}{2\pi a}$$

또, 전극 1에 유입되는 전류 I 에 의한 전극 3의 전위는

$$V_{31} = \frac{\rho I}{4\pi a}$$

따라서 전극 2와 3사이에 발생하는 전위차는

$$V_1 = V_{21} - V_{31} = \frac{\rho I}{4\pi a}$$

한편, 전극 4에서 유출되는 전류 I 에 의한 전극 2의 전위는

$$V_{24} = \frac{-\rho I}{4\pi a}$$

또, 전극 4에서 유출되는 전류 I 에 의한 전극 3의 전위는

$$V_{34} = \frac{-\rho I}{2\pi a}$$

따라서, 전극 2와 3사이에 발생하는 전위차는

$$V_2 = V_{24} - V_{34} = \frac{\rho I}{4\pi a}$$

전극 2와 3사이에 발생하는 전위차는 V_1 과 V_2 의 합으로서

$$V = V_1 + V_2 = \frac{\rho I}{2\pi a}$$

따라서

$$\rho = 2\pi a \frac{V}{I} = 2\pi aR$$

즉, ρ의 유도식이다.

〔3〕 전류의 침투 깊이

대지 저항률을 측정하는데 있어 측정용 전류가 지중에 얼마나 깊게 침투되는가는 중요한 문제이다. 일반적으로 대지는 층상 구조를 이루고 있고 층에 따라 저항률이 달라진다. 베너의 4전극법에 의해 대지 저항률을 측정했을 경우, 측정용 전류가 침투한 깊이까지의 저항률은 평균값으로 얻을 수 있다. 전류가 도달하지 않는 층의 저항률은 알 수 없다.

그림 28.3에서 전극계의 중앙점 O에서 아래쪽 방향(깊이 방향)으로 z축을 설정한다. 전극 1에서 전류 I가 흘러들어가 전극 4에 도달한다. z축상의 전류 밀도의 변화를 살펴보면 O점에서 전류 밀도가 최대이며 깊어질수록 작아진다. O점의 전류 밀도를 i_o로 하고 z축의 전류 밀도를 i로 하면 i와 i_o의 비는 다음 식에 따른다.

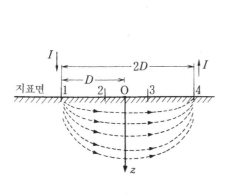

그림 28.3　전류의 침투

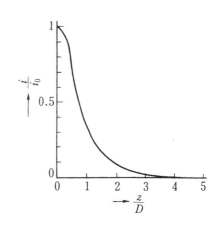

그림 28.4　전류밀도의 변화

$$\frac{i}{i_o} = \frac{1}{\left\{ 1 + \left(\dfrac{z}{D} \right)^2 \right\}^{3/2}}$$

D는 전극 1과 O점과의 거리이다.

위 식에 따라 z/D와 i/i_o의 관계를 플롯한 것이 **그림 28.4**이다. $z/D=2$, 즉 $z=2D$의 깊이로 되면 전류 밀도가 상당히 낮아짐을 알 수 있다.

개략적으로 전류는 전극 1, 4의 간격($=2D$) 정도까지 침투한다고 보면 된다.

〔4〕 ρ-a 곡선

앞의 결론으로부터, 베너의 4전극법의 적용에 있어서는 전극 간격을 크게 잡으면 그만큼 전류가 깊게 침투한다는 사실을 알 수 있다.

결국 깊게 침투한 곳의 저항률이 측정값에 영향을 주게 된다. 이 사실을 이용하여 깊이 방향에 따른 저항률의 변화를 지상에서 추정하는 방법이 개발되었다. 이것이 ρ-a 곡선에 의한 추정법이다.

베너의 4전극법을 적용하여 전극 간격 a를 다양하게 바꾸어가며 동일지점의 저항률 ρ를 측정하고 **그림 28.5**와 같이 ρ를 a에 대해 플롯한다. 이것이 ρ-a 곡선이다.

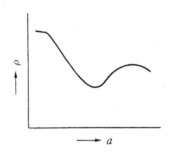

그림 28.5 ρ-a 곡선

ρ-a 곡선에서 세로축의 ρ는 지중의 각 깊이에서의 저항률이 아니다. 그것은 전극 간격 a에 따른 일정한 깊이(약 $3a$)까지의 저항률을 평균한 값이다.

따라서 ρ-a 곡선에서 지중의 각 깊이에 대한 저항률을 알기 위해서는 ρ-a 곡선을 변형시켜야 한다.

ρ-a 곡선을 변형시키기 위해 여러 가지의 방법이 개발되어 있다. 가장 널리 사용되고 있는 방법은 실측에서 얻은 ρ-a 곡선을 이론적으로 얻은 기준 곡선과 비교하여 지중의 ρ의 분포를 추정하는 방법이다.

〔5〕 2층 구성의 기준 곡선

그림 28.6과 같이 2층으로 구성된 경우이다. 지표면에서 깊이 h까지를 저항률 ρ_1으로 보다 아래쪽을 저항률 ρ_2라고 하자.

여기에서 반사율 k를 정의하면 다음과 같다.

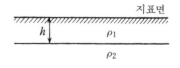

그림 28.6 2층 구성

$$k = \frac{\rho_2 - \rho_1}{\rho_2 + \rho_1}$$

k는 ρ_1과 ρ_2의 대소 관계에 따라 달라지는데, $\rho_2 > \rho_1$일 경우에 k는 양, $\rho_2 < \rho_1$일 경우에 k는 음이 된다. 이때, k는 $+1$과 -1 사이에 있어야 한다. 제2층의 저항률이 극한인 경우(최대인 경우), 즉 $\rho_2 \to \infty$인 경우에 $k = +1$이 된다. 제2층의 저항률이 0인 경우(최소인 경우)에 $k = -1$이 된다.

식을 변형시켜 k를 다음과 같이 나타낼 수도 있다.

$$k = \frac{\dfrac{\rho_2}{\rho_1} - 1}{\dfrac{\rho_2}{\rho_1} + 1}$$

즉, k는 ρ_2와 ρ_1의 비(比)만으로 결정되는 값이다. **표 28.1**에 여러 종류의 ρ_2/ρ_1에 대응하는 k값을 나타내었다.

2층 구성에 있어서 각종 k에 대한 $\rho{-}a$ 곡선을 이론적으로 그릴 수 있다. 그것을 **그림 28.7**과 **그림 28.8**에 나타내었다.

그림 28.7은 k가 음일 때의 $\rho{-}a$ 곡선이다. 즉, 상층보다 하층이 저항률이 낮은 경우이다. 그림 28.8은 k가 양일 때의 $\rho{-}a$ 곡선이다. 즉, 상층보다 하층이 저항률이 높은 경우이다.

또한 그림 28.7 및 그림 28.8의 양쪽 그림에서 가로축은 제1층의 깊이 h와 전극 간격 a와의 비 h/a로 하고 있다.

표 28.1 ρ_2/ρ_1과 반사율 k

k	ρ_2/ρ_1	k	ρ_2/ρ_1
$+1$		-1.0	0
0.9	19.0	-0.9	0.0526
0.8	9.0	-0.8	0.1111
0.7	5.67	-0.7	0.1765
0.5	4.0	-0.6	0.2500
0.6	3.0	-0.5	0.3333
0.4	2.333	-0.4	0.4286
0.3	1.857	-0.3	0.5384
0.2	1.50	-0.2	0.6667
0.1	1.222	-0.1	0.8182
0	1.000		

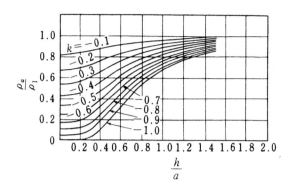

그림 28.7 2층 구성의 기준 곡선 (**k**가 음인 경우)

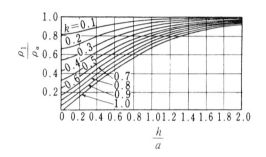

그림 28.8 2층 구성의 기준 곡선 (**k**가 양인 경우)

또 그림 28.7에서 ρ_a는 베너의 4전극법을 이용해 지표면에서 측정하여 얻은 종합적인 저항률이고 ρ_1은 상층의 저항률이다. 또한 그림 28.8에서는 세로축은 ρ_1/ρ_a로 되어 있다.

실측에서 얻어진 $\rho\text{-}a$ 곡선을 기준 곡선과 비교하여 지중 저항률의 분포를 추정하는 것이다.

저항률만 조사하면 직접 땅속으로 들어가지 않고도 지중의 상황을 알 수 있으므로 접지 공사 이외의 분야에서도 다양하게 이용되고 있다. 지하수의 유무를 추정하는 데에도 이용된다. 고고학자들까지 저항률을 측정해서 지하의 고분을 발견한다는 이야기는 흥미로움을 더해준다.

Ⅱ

접지 시스템

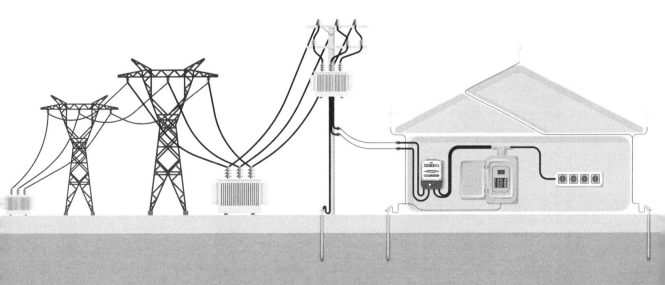

29. 지락 보호란 무엇인가

그림 29.1에 전기 설비의 안전 대책에 따른 체계를 나타내었다.

전기 설비의 안전 대책은 먼저 **과전류 보호**와 **지락 보호**로 크게 분류된다.

과전류 보호란 요컨대 과대한 전류가 흐름으로써 발생하는 각종 장해로부터 전기 설비를 보호하는 것이다.

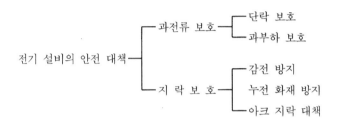

그림 29.1 전기 설비 안전 대책의 체계

과전류 보호는 다시 **단락 보호**와 **과부하 보호**로 분류된다.

단락 보호는 단락, 즉 쇼트에 의해서 과대한 전류가 흘러 전기 설비가 손상되거나 화재가 발생하는 것을 방지하기 위한 것이다.

또, **과부하 보호**는 모터 등에 과대한 부하가 걸려 큰 전류가 장시간 흐름으로써 역시 기기나 배선이 손상되는 것을 방지하기 위해 실행된다.

오늘날의 전력계통에서는 과전류 보호는 예외없이 실시되고 있으며 구체적으로는 퓨즈나 차단기가 이용된다.

또한 전기 설비의 안전 대책에서 또 하나의 중요 과제가 **지락 보호**이다.

지락 보호란 무엇인가 ?

이것을 설명하기 전에 **전로**(電路)라는 용어를 기억하기 바란다. 전로라는 것은 배선이나 전기 기기에서 정상 동작시에 전류가 흐르는 부분을 가리킨다. 예를 들면 배선의 경우 전선 속의 도체가 전로에 해당된다. 모터의 경우 그 속의 코일이나 정류자 또는 브러시가 이에 해당된다. 모터와 같은 전기 기기인 경우 그 내부의 전로를 가리켜 **충전부분**이라고도 한다.

지락이란, 전로와 대지간의 절연이 이상적으로 저하되면, 아크 또는 도전성 물질에 의해서 양자가 연락돼 버리므로써 전선이나 전기 기기의 외부에 위험한 전압이 나타나거나 전류가 흐르는 상태를 말한다.

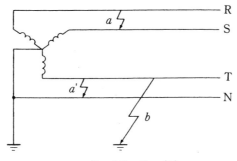

a, *a*'는 단락, *b*는 지락

그림 29.2 단락과 지락의 설명

지락에 의해서 흐르는 전류를 **지락 전류**라 한다.

그런데 지락은 전기 설비(전선 및 전기 기기를 포함한다) 고장의 일종이지만 전기 설비의 고장에는 상술한 바와 같이 단락이라는 것이 있다. 단락과 지락은 어떻게 다른가? 이것을 **그림 29.2**에 의해 설명하기로 한다.

단락이란, 전로와 전로 사이가 낮은 임피던스로 연락돼 버린 상태를 가리킨다. **그림 29.2**의 a나 a'는 단락이다. 그리고 그림 29.2의 b는 지락이다.

지락에 의해서 발생하는 각종 장해를 방지하는 대책이 **지락 보호**이다. 지락 보호는 그 목적에 따라 다시 세 종류로 분류된다.

감전 방지는 지락이 발생한 전기 설비에 의해서 사람이나 가축이 감전되는 것을 방지하는 대책이다.

누전 화재 방지는 지락 전류에 의해서 가연물에 불이 붙어 화재로 되는 것을 방지하는 대책이다.

아크 지락 대책이란 지락시에 발생한 아크에 의해서 설비 기기가 손상되는 것을 방지하는 대책이다.

지락 보호에는 다음과 같은 세 가지 방법이 있다.

(1) **접지 방식** : 접지 방식은 전기 기계 기구의 금속제 외함이나 철대 등을 대지에 연결함으로써 전로에 지락이 발생했을 때에 그것들에 위험한 전압이 발생하지 않도록 하는 방식이다.

(2) **누전 차단 방식** : 이 방식은 지락 전류가 발생했다는 것을 검출하여 검출 신호에 의해서 전로를 차단하는 방식이다(**그림 29.3 (a)**).

또한 부하 기기에 따라서는 차단 지시가 있어야만 차단동작을 하는 것도 있다. 예를 들면 반응로(爐)를 냉각하는 송풍기 등이다.

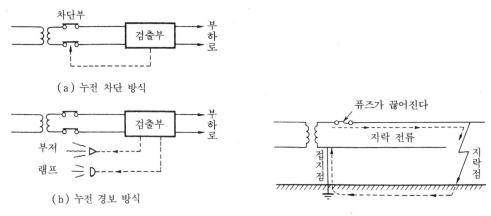

(a) 누전 차단 방식

(b) 누전 경보 방식

그림 29.3 누전 차단 방식과 누전 경보 방식

그림 29.4 과전류 차단 방식

　그러한 경우에는 지락 전류가 발생했다는 것을 검출만 하고 차단을 하지 않는다 (그림 29.3 (b)). 그 대신에 소리(버저)나 빛(파일럿 램프)에 의해서 경보를 낸다. 이것을 누전 경보 방식이라고 하는데 누전 차단 방식으로부터 변형된 형태이다.

(3) 과전류 차단 방식 : 과전류 차단 방식이라는 것은 **그림 29.4**에 나타낸 바와 같이 지락 전류에 의해서 전로에 들어있는 과전류 보호기(퓨즈 또는 차단기)를 동작시켜 전로를 차단하는 방식이다.

　전로에 설치되어 있는 과전류 보호기는 원래 단락이나 과부하에 의한 이상 전류로부터 전기 설비를 보호하기 위한 것이다. 이 과전류 보호기는 지락 보호 기능도 겸용하고 있어, 별도로 지락 보호기를 설치하지 않고도 지락 보호가 가능한 것이 이 방식의 특징이다. 그러나 지락 전류에 의해서 과전류 보호기가 동작하는 데에는 상당히 큰 지락 전류가 흐르지 않으면 안된다. 즉, 과부하 전류나 단락 전류에 필적하는 지락 전류가 흘러야 한다. 이와 같이 큰 지락 전류가 흐르는 데에는 그림 29.4에서 알 수 있듯이 지락점이나 접지점의 저항이 충분히 낮아야 한다.

　현실적으로는 지락점이나 접지점의 저항이 그 정도로 낮아지는 경우는 드물고 또 배선의 저항도 있으므로 과전류 보호기를 동작시킬 정도로 큰 지락 전류가 흐를 확률도 적다. 이것이 과전류 차단 방식의 결점이다.

이상의 세 가지 방식은 지락 보호의 기본 방식이지만 이외에도 몇 가지 특수한 방식이 있다. 이것들은 지락 보호 방식의 주류가 아니고 특수한 용도에만 적용된다.

(1) 비접지 방식 : **그림 29.5**와 같이 변압기를 전원 사이에 넣어 그 2차측 전로를 어디에도 접지하지 않는 방식이다. 이 방식은 지락 사고가 발생하더라도, 1점 지락이라면 큰 지락 전류가 흐르지 않는다는 특징이 있어 병원 등에서 이용되고 있다.

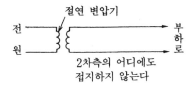

그림 29.5 비접지 방식

또한 변압기는 전원측과 부하측을 전기적으로 단절시키기 위해 설치하는 것으로, 반드시 1차측과 2차측 코일이 독립된 2권선 변압기를 사용하고 오토 트랜스를 사용해서는 안된다. 비접지 방식에 사용되는 변압기를 **절연 변압기**라 한다. 접지 방식과 비접지 방식의 우열 비교는 ③①에서 상세하게 기술하고 있다.

(2) 초저전압 방식 : 지락 보호를 하는 주요한 목적의 하나는 감전 사고의 방지이다. 감전 사고를 방지하는 데에는 접지를 하는 것도 좋고 누전 차단기를 사용하는 것도 좋다. 여기에 전원 전압 자체를 아주 낮게 해서 감전 사고를 방지하는 방법도 있다. 전원 전압 자체가 낮으면 감전될 위험이 희박하다는 것은 우리들이 건전지에 접촉하더라도 감전되지 않는다는 점으로부터 명백해질 것이다. 그렇다면 대체로 전압이 어느 정도까지 내려가면 감전의 위험성이 없는 것인가? 이에 대해서는 ③⑦에서 상세하게 기술한다.

(3) 2중 절연 기기 : 처음에 지락 보호가 필요하게 된 것은 전기 기기의 절연이 저하되어 지락이 발생했기 때문이다. 전기 기기 자체의 절연을 강화하여 지락이 잘 발생하지 않도록 하면 지락 보호의 필요성도 없어진다. 이와 같이 전기 기기측에서 지락 사고의 예방 대책을 추진하는 방향도 있어 그 대표적인 것이 2중 절연 기기의 개발이다. 이런 방향은 엄밀한 의미에서는 지락 보호에는 들어가지 않을지도 모르지만 전기 안전 대책으로서 중요한 항목이므로 ③⑨에서 기술한다.

30. 감전 사고의 메커니즘

감전 사고에는 여러 가지 종류가 있지만 이것을 정리하면 크게 다음과 같이 두 가지로 분류할 수 있다.

(1) 직접 접촉 사고(그림 30.1 (a)) : 전기 기기의 운전시에 전기가 들어오고 있는 부분을 **충전 부분**, 전기가 들어오지 않는 부분을 **비충전 부분**이라 한다. 전기 기기의 충전 부분에 직접적으로 접촉되어 감전되는 사고를 **직접 접촉 사고**라 한다. 즉, 활선(活線) 접촉이다.

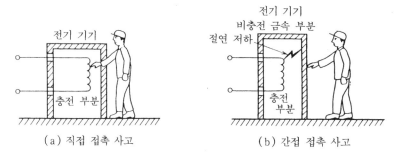

(a) 직접 접촉 사고   (b) 간접 접촉 사고

그림 30.1   감전 사고의 분류

(2) 간접 접촉 사고(그림 30.1 (b)) : 전기 기기의 정상적인 운전시에 전기가 들어오고 있지 않는 금속 부분을 **비충전 금속 부분**이라 한다. 전기 기기의 절연이 저하되면 내부의 충전 부분에서 외부의 비충전 금속 부분으로 전기가 누설된다. 즉, **누전**인 동시에 **지락**이다. 누전되고 있는 전기 기기의 비충전 금속 부분에 접촉되면 감전된다. 이 감전 사고는 성능이 저하된 절연물을 통하여 내부의 충전 부분에 간접적으로 접촉되는 형태이므로 **간접 접촉 사고**라 불린다.

(1)의 직접 접촉 사고는 전기 기기가 정상적으로 동작하고 있더라도 일어날 수 있다. 이에 대해 (2)의 간접 접촉 사고는 전기 기기가 정상이라면 일어나지 않고 전기 기기에 절연 저하라는 고장이 발생함으로써 비로소 일어나는 것이다. 이점이 직접 접촉 사고와 간접 접촉 사고의 큰 차이이다.

실제로 일어나고 있는 사고 중에는 간접 접촉 사고가 직접 접촉 사고보다 훨씬 많다. 왜냐하면 통상적으로 전기 기기의 충전 부분에는 쉽게 접촉할 수 없는 구조로 만들어져 있기 때문에 직접 접촉 사고는 적은데 비해 간접 접촉 사고는 누구라도 접촉될 수 있는 비충전 금속 부분에서 일어나기 때문이다.

31. 접지 계통과 비접지 계통

현재 일반적인 저압 배전 계통에서는 트랜스에서 2차측의 중성점이 대지와 접속되어 있다(**그림 31.1**). 즉 **접지 계통**으로 되어 있다.

한편, 전기설비 기술기준에 의하면 풀용 수중 조명등 등에 전기를 공급하는 회로에는 반드시 절연 변압기(2권선 변압기)를 넣고, 그 2차측 전로는 접지해서는 안된다고 정하고 있다. 즉 **비접지 계통**을 요구하고 있다.

접지 계통과 비접지 계통은 어떻게 다른가?

(1) 인체 통과 전류의 크기 : 비접지 계통인 경우는 인간이 그 전로에 접촉되어도 1점 접촉이라면 분포 용량을 경유하여 약간의 전류가 인간에게 흐를 뿐이다(**그림 31.2**). 그 계통의 규모가 작으면 분포 용량도 작기 때문에 상용 주파수의 경우 인체를 통과하는 전류는 크지 않다.

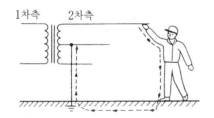

그림 31.1 접지 계통 (일반 저압 배전 계통)

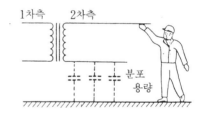

그림 31.2 비접지 계통

한편 접지 계통의 경우는 트랜스에서 접지되고 있으므로 전로에 인체가 접촉되면 1점 접촉이라도 루프 회로가 형성돼 인체와 대지와의 접촉 상태에 따라서는 위험한 전류가 인체를 통하여 흐를 가능성이 있다(그림 31.1).

(2) 이상 전위 상승의 억제 : 비접지 계통의 약점은 어떠한 원인으로 전로의 대지 전위가 상승했을 경우에 전혀 억제할 방법이 없다는 것이다. 전로의 대지(對地) 전압을 상승시키는 원인으로는 고저압 전로 사이의 혼촉, 뇌 서지, 개폐 서지, 정전기 등이 있다. 이러한 요인에 의해서 저압측에 높은 전압이 침입하면 배선이나 기기를 파괴하고 건물의 소손, 감전 사상 사고가 발생한다.

원래 저압 배전 계통은 비접지 계통에서 출발했지만, 변압기에서 종종 고저압 혼촉 사고를 일으켜 이에 따른 재해가 심했기 때문에 접지 계통으로 바뀐 것이다. 즉, 트랜스에서 2차측의 중성점을 접지하는 것은 2차측 전로의 전위가 이상적으로 상승하는 것을 억제하기 위함이다.

(3) 접지 계통간의 상호 간섭 : 접지를 하면 전로의 대지(對地) 전위가 상승하는 것을 억제할 수 있지만 접지 계통에는 그 자체의 약점도 있다.

그것은 다수의 접지 계통이 있을 경우에 각각 독립적으로 접지 공사를 하더라도 대지를 공유하고 있기 때문에 크든 작든 상호간에 간섭을 일으킬 여지가 항상 남아 있다는 것이다.

예를 들면 두 개의 접지 계통의 접지 전극을 부주의하게 접근시켜 매설하면 한쪽 계통의 접지 전류에 의한 전위 상승이 다른쪽 계통으로 파급될 우려가 있다(**그림 31.3**). 또 구조상 대지에서 절연할 수 없는 부하를 접지 계통에 연결하면 부하 전류의 일부가 항상 대지로 흘러들어갈 가능성이 있다(**그림 31.4**). 이것도 전원과 부하가 같은 대지를 공유하고 있기 때문이다.

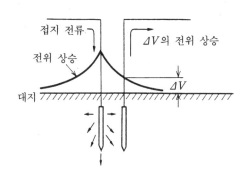

그림 31.3 접지 계통간의 상호 간섭

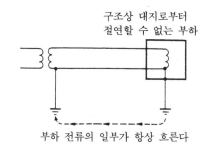

그림 31.4 구조상 대지로부터 절연할 수 없는 부하는 접지 계통에 연결하지 않는다

마찬가지로 앞서 지적한 인체를 통해서 루프 회로가 형성되는 상태도 인체와 전기 계통이 같은 대지를 공유하고 있기 때문이다.

이와 같이 접지 계통에서는 대지를 통한 다른 계통과 상호 간섭에 항상 주의를 기울여야 한다.

이에 비해 비접지 계통은 2권선 변압기를 전원과의 사이에 넣으면, 그 2차측은 거의 완전하게 다른 계통으로부터 「단절」시킬 수 있다는 점에서 유리하다. 단, 변압기 코일간의 용량에 의한 결합을 무시했을 경우이다.

(4) 절연의 유지 : 이상으로 접지 계통과 비접지 계통을 비교해서 설명했지만 비접지 계통에는 중대한 결점이 있다.

그것은 비접지 계통을 장기간에 걸쳐 건전한 상태로 유지하기가 어렵다는 점이다. 비접지 계통은 근본적으로 **대지로부터 절연된 계통이기 때문에 어떠한 재료를 사용하든,**

또 아무리 구조가 완벽하더라도 절연은 시간의 지남에 따라 반드시 저하되기 마련이다

계통이 놓여져 있는 환경이 열악하거나 큰 부하가 걸리면 절연 저하는 한층 빨라진다. 또 대규모적인 계통에서는 세밀한 주의가 구석구석까지 미치지 못하여 초목 조수 등의 피해를 입기 쉽다.

이러한 상황하에서 비접지 계통의 어딘가와 대지와의 사이에 절연이 열화되면 그것은 이미 비접지 계통이 아니라 일종의 접지 계통이라 볼 수 있다. 비접지 계통으로 믿고 있던 회로가 어느 사이엔가 접지 계통으로 바뀌어 있다면 이것은 심각한 위험에 직면한 것이다.

즉, 비접지 계통은 본질적으로 건전한 상태를 장기간에 걸쳐 유지한다는 것은 곤란하기 때문에 부하가 가볍고 소규모 계통으로 관리가 용이한 전용 회로에만 적용할 수 있다.

(5) 지락 검출의 난이 : 비접지 계통은 지락이 발생했을 때에 큰 지락 전류가 흐르지 않기 때문에 지락을 검출하기가 곤란하다.

이상으로 기술한 접지 계통과 비접지 계통의 비교를 **표 31.1**에 정리하였다.

표 31.1 접지 계통과 비접지 계통의 비교

접 지 계 통	비 접 지 계 통
전로에 접촉되면 큰 인체 통과 전류가 흐를 가능성이 있다	전로에 접촉되더라도 큰 인체 통과 전류는 흐르지 않는다
전로의 이상 전위 상승을 억제할 수 있다	전로의 이상 전위 상승을 억제할 수 없다
대지를 통해서 다른 계통과 상호 간섭을 일으킬 가능성이 있다	다른 계통으로부터 비교적 완전히 분리할 수 있다
대규모 계통에 적용할 수 있다	절연 유지가 곤란하므로 소규모의 전용 계통밖에 적용할 수 없다
지락 검출이 용이하다	지락 검출이 곤란하다

32. 옥내 배선의 접지 방식

앞 절에서는 전로가 접지되어 있는가의 여부에 대해 다루었다. 전로의 접지를 **계통 접지**라 한다.

접지에는 계통 접지 외에 또 하나의 중요한 부문이 있다. 그것은 부하 기기의 비충전 금속부분의 접지로서 이것을 **기기 접지**라 한다(**표 32.1**).

표 32.1 접지의 분류

접지	계통 접지······전로의 접지
	기기 접지······기기의 비충전 금속 부분의 접지

계통 접지와 기기 접지를 조합함으로써 옥내 배선의 접지 방식에는 여러가지 변형된 형태가 나타난다. 3상 4선식의 배전 계통을 예로서 각 방식을 소개하고자 한다.

(1) 비접지 방식 : **그림 32.1**과 같이 전로의 어디에도 접지를 하지 않는 방식. 기기의 케이스는 경우에 따라서는 접지를 해도 상관이 없다. IEC(국제전기표준회의)에서는 *I-T* 방식이라 한다.

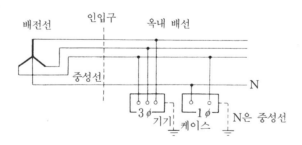

그림 32.1 비접지 방식 (IEC의 *I-T* 방식)

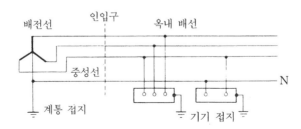

그림 32.2 개별 보호 접지 방식 (IEC의 *T-T* 방식)

　(2) **개별 보호 접지 방식** : 그림 32.2와 같이 배전선 트랜스의 중성점을 접지(계통 접지)하고, 기기의 케이스는 개별적으로 접지(기기 접지)하는 방식이다. IEC에서는 T $-T$ 방식이라 한다.

　(3) **보호 접지선 방식** : 그림 32.3과 같이 전원측에서 보호 접지선을 옥내로 끌어들여 기기의 접지는 모두 이 보호 접지선에 연결하는 방식이다. 보호 접지선은 다중 접지로 해도 상관없다. 보호 접지선은 5번째의 선에 해당하므로 이 방식을 **제5선 방식**이라고도 한다. IEC에서는 $T-N$ 방식이라 한다.

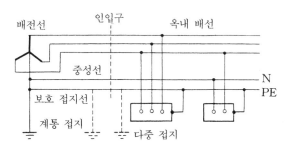

그림 32.3　보호 접지선 방식 (IEC의 $T-N$ 방식)

　(4) **겸용 방식** : 그림 32.4와 같이 한 개의 전선으로 보호 접지선과 중성선을 겸용하는 방식이다. 보호 접지선과 중성선은 그림 32.3에서 알 수 있듯이 둘 다 계통 접지에 연결되어 있다. 따라서 통상의 상태라면 양쪽 모두 대지와 같은 전위에 있으므로 겸용해도 상관이 없는 것 같이 보인다.

　더구나 겸용하면 전선 한 개를 절약할 수 있기 때문에 경제적으로도 유리할 것이다. 그러나 중성선과 보호 접지선의 목적은 각각 다르다. 중성선은 전로이기 때문에 **부하가 3상간에서 부하가 평형을 이루고 있지 않을 때 중성선에 전류의 일부가 흐를 수 있다.** 따라서 중성선과 보호 접지선을 겸용하면 보호 접지선에도 전류가 흐를 위험이 있다.

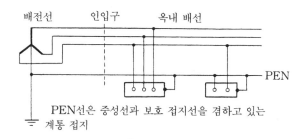

그림 32.4　겸용 방식

33. 전기설비 기술기준의 접지

전기 안전에 관한 근본 법규인 **전기설비 기술기준**에서, 접지는 어떠한 체계로 되어 있는가를 소개하고자 한다.

〔1〕 전로의 절연

전기설비 기술기준에서는 전로는 원칙적으로 대지로부터 절연하는 이른바 **전로의 절연 원칙**이 일관되고 있다. 즉,

전로는 대지로부터 절연해야 한다.

전로가 대지로부터 충분하게 절연되어 있지 않으면 전류가 누설되어 감전이나 화재의 위험이 발생하여 전력 손실로도 이어지기 때문이다. 그러나 여러 가지 부득이한 이유로 대지로부터 절연할 수 없는 부분이 있다. 이러한 부분은 최소한으로 유지하지 않으면 안된다.

〔2〕 접지 공사의 종류

이른바 **제1종, 제2종, 제3종, 특별 제3종**의 네 종류 접지 공사와 대응하는 접지 저항값은 다음과 같다.

그것을 **표 33.1**에 나타내었다.

표 33.1 접지 공사의 종류에 대응하는 접지 저항값 (제18조)

접지 공사의 종류	접지 저항값
제 1 종 접 지 공 사	10Ω
제 2 종 접 지 공 사	변압기의 고압측 또는 특별 고압측 전로의 1선 지락 전류의 암페어 값으로 150 (변압기의 고압측 전로 또는 사용 전압이 35,000V 이하인 특별 고압측의 전로와 저압측 전로와의 혼촉에 의해 저압 전로의 대지 전압이 150V를 초과했을 경우에 1초를 초과해 2초 이내에 자동적으로 고압 전로 또는 사용 전압이 35,000V 이하인 특별 고압 전로를 차단하는 장치를 설치할 때는 300, 1초 이내에 자동적으로 고압 전로 또는 사용 전압이 35,000V 이하인 특별 고압 전로를 차단하는 장치를 시설할 때는 600)을 나눈 값과 동등한 옴값
제 3 종 접 지 공 사	100Ω (저압 전로에서 해당 전로에 지기를 발생시켰을 경우 0.5초 이내에 자동적으로 전로를 차단하는 장치를 시설할 때는 500Ω)
특별 제 3 종 접 지 공 사	10Ω (저압 전로에서 해당 전로에 지기를 발생시켰을 경우 0.5초 이내에 자동적으로 전로를 차단하는 장치를 시설할 때는 500Ω)

제 1 종, 제 3 종, 특별 제 3 종 접지 공사에서는 저항값이 규정되어 있지만 제 2 종 접지 공사에서는 저항값이 특별히 정해져 있지 않다.

〔3〕 계통 접지

고압 전로(특별고압 전로)와 저압 전로를 결합하는 변압기 저압측의 중성점에는 제 2 종 접지 공사를 해야 한다. 이 규정은 **저압 배전 계통을 접지 계통으로 하고 있다는 내용이다.**

바꿔 말하면 **계통 접지**에 관한 기본적인 내용이다. 또한 저압 전로의 사용 전압이 300V 이하인 경우, 접지 공사를 변압기의 중성점에 실시하고 싶을 때는 저압측의 1단자를 접지할 수 있다.

그래서 제 2 종 접지 공사의 접지 저항은 표 33.1에 기초한다.

제 2 종 접지 공사의 접지 저항값은 고압측에서 1선 지락이 일어나고, 최악의 경우 그 전류가 접지 전극에 유입될 때에는, 접지 전극의 전위 상승이 150V 이상으로 되지 않아야 한다는 생각을 기초로 정해져 있다(**그림 33.1**).

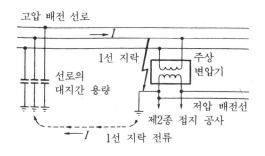

그림 33.1 제2종 접지 저항의 결정

제 2 종 접지 공사의 접지 전극에는 저압측 전로가 연결되어 있어 저압측 전로의 전위가 이상적으로 상승하는 것을 억제한다.

즉 옴의 법칙에 따라

$$(제 2 종\ 접지의\ 전위\ 상승\,[V]) = (일선\ 지락\ 전류\,[A]) \times (제 2 종\ 접지\ 저항\,[\Omega])$$
$$\leqq 150\,[V])$$

$$제 2 종\ 접지\ 저항\,[\Omega] \leqq \frac{150\,[V]}{일선\ 지락\ 전류\,[A]}$$

여기서 1선 지락 전류는 전기설비에 관한 기술기준의 세목에 의해서 계산된다.

〔4〕 기기 접지

전로에 시설하는 기계 기구의 철대 및 금속제 외함에는 **표 33.2**에 나타낸 기계 기구의 구분에 따라 접지 공사를 실시하여야 한다. 이것은 **기기 접지에 관한 기본적인 내용**이다.

표 33.2 기기 접지의 구분

기계 기구의 구분	접 지 공 사
300V 이하의 저압용	제 3 종 접지 공사
300V 초과의 저압용	특별 제 3 종 접지 공사
고압용 또는 특별 고압용	제 1 종 접지 공사

〔5〕 지락 차단 장치 등의 시설

금속제 외함을 사용하면서 사용 전압이 60V를 초과하는 저압의 기계 기구를 사람이 쉽게 접촉될 우려가 있는 장소에 시설하는 경우, 이 기구에 전기를 공급하는 전로에는 전로에 지기(地氣)가 발생했을 때에 자동적으로 전로를 차단하는 장치를 시설해야 한다.

이 규정을 그대로 적용하면 모든 저압 전로에 누전 차단기를 설치해야 되지만 물론 예외 규정이 있다. 그 주된 예외 규정을 아래에 나타내었다.

(1) 기계 기구를 건조한 장소에 시설하는 경우

(2) 대지(對地) 전압이 150V 이하인 기계 기구를 물기가 없는 장소에 시설하는 경우

(3) 기계 기구에 시설된 제 3 종 또는 특별 제 3 종 접지 공사의 접지 저항값이 3Ω 이하인 경우

(4) 2중 절연 구조로 된 기계 기구를 시설하는 경우

(5) 전원측에 절연 변압기(2차 전압이 300V 이하인 것에 한한다)를 시설하면서 부하측의 전로를 접지하지 않는 경우

이상의 경우에는 누전 차단기를 시설할 필요가 없다. 또한 내선 규정에서는 **표 33.3**과 같이 누전 차단기의 구체적인 시설 예를 나타내고 있다.

그런데 이에 따라 전로에 누전 차단기를 시설했을 경우, 표 33.1에 의해서 **제3종 및 특별 제3종 접지 공사의 접지 저항은 500Ω까지 완화된다.**

누전 차단기에는 **표 33.4**와 같은 종류가 있다. 감전 사고 방지를 목적으로 시설하는 누전 차단기는 **고감도 고속형**이어야 한다.

표 33.3 누전 차단기의 시설 예

전로의 대지 전압 \ 기계 기구의 시설 장소	옥 내		옥 측		옥 외	물기가 있 는 장 소
	건조한 장 소	습 한 장 소	강우선내	강우선외		
150V 이하	–	–	–	□	□	○
150V 초과 300V 이하	△	○	–	○	○	○

기호의 의미는 다음과 같다.

○ : 누전 차단기를 시설할 것

△ : 주택에 기계 기구를 시설하는 경우에는 누전 차단기를 시설할 것

□ : 주택 구내 또는 도로에 접한 장소에 룸 에어컨디셔너, 쇼 케이스, 아이스 박스, 자동 판매기 등 전동기를 부품으로 하는 기계 기구를 시설하는 경우에는 누전 차단기를 시설할 것

표 33.4 누전 차단기의 종류

구 분		정격 감도 전류 [mA]	동 작 시 간
고감도형	고 속 형	5, 10, 15, 30	정격 감도 전류에서 0.1초 이내
	시 연 형		정격 감도 전류에서 0.1초 초과 2초 이내
	반한시형		정격 감도 전류에서 0.2초 초과 1초 이내/정격 감도 전류의 1.4배의 전류에서 0.1초 초과 0.5초 이내/정격 감도 전류의 4.4배의 전류에서 0.05초 이내
중감도형	고 속 형	50, 100, 200, 300, 500, 1,000	정격 감도 전류에서 0.1초 이내
	시 연 형		정격 감도 전류에서 0.1초 초과 2초 이내
저감도형	고 속 형	3,000, 5,000, 10,000, 20,000	정격 감도 전류에서 0.1초 이내
	시 연 형		정격 감도 전류에서 0.1초 초과 2초 이내

(비고) 누전 차단기의 최소 동작 전류는 일반적으로 정격 감도 전류의 50% 이상으로 되어 있으므로 선정할 때 주의할 것

단, 기계 기구의 외함에 시설하는 접지 공사의 접지 저항값이 **표 33.5**에 적합하면서 누전 차단기의 동작 시간이 0.1초 이내(고속형)인 경우에는 중(中)감도형으로 할 수 있다(내선 규정). 표 33.5는 다음과 같이 해서 얻은 값이다.

(1) 물기가 있는 장소 등 전기적인 위험이 높은 장소

$$접지\ 저항치\,[\,\Omega\,]\leqq\frac{25\,[\,V\,]}{누전\ 차단기의\ 정격\ 감도\ 전류\,[\,A\,]}$$

(2) 기타 장소

$$접지\ 저항치\,[\,\Omega\,]\leqq\frac{50\,[\,V\,]}{누전\ 차단기의\ 정격\ 감도\ 전류\,[\,A\,]}$$

표 33.5 보호 접지 저항값

누전 차단지의 동작 감도 정정 전류 [mA]	접지 저항값 [Ω]	
	물기가 있는 장소 등 전기적 위험도가 높은 장소	기타 장소
30	500	500
50	500	500
75	333	500
100	250	500
150	166	333
200	125	250
300	83	166
500	50	100
1,000	25	50

단, (1), (2)의 경우에는 최대값을 500 [Ω]으로 한다.

위의 식에서 25V, 50V를 사용하는 점에 대해서는 37을 참조하기 바란다.

〔6〕 각종 접지 공사의 세목

접지 공사의 구체적인 시설 방법에 관한 구체적인 내용이다. 상세한 사항은 24를 참조한다.

〔7〕 풀용 수중 조명등 등의 시설

비접지계의 예이다.

경기용 수영장 등 사람이 물 속으로 들어가거나 쉽사리 물에 접할 수 있는 장소에 설치되는 조명 시설에 관하여 정하고 있다. 중요한 것은 조명등과 전원 사이에 절연 변압기를 넣고 그 2차측 전로를 접지해서는 안된다는 규정이다(**그림 33.2**). 또한 절연 변압기 2차측 전로의 사용 전압이 30V를 초과하는 경우에는 지락 차단 장치를 의무화하고 있다.

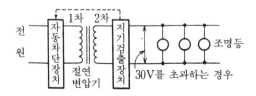

그림 33.2 수영장용 수중 조명등의 회로 (30V를 초과하는 경우)

34. 전원측 접지와 부하측 접지

여기에서 말하는 전원측 접지란 전기설비 기술기준에서 말하는 제2종 접지 공사이다. 즉, 변압기 2차측 전로의 접지로 이것을 **계통 접지**라고도 한다. 한편, 부하측 접지란 저압 전로에 접속되는 전기 기계 기구의 금속제 외함이나 철대 등에 시설하는 접지를 가리키며 통상적으로 이것은 제3종 접지 공사이다. 이것은 **기기 접지**이다.

그림 34.1은 저압 기기에 지락 사고가 발생했을 경우의 전원측 접지와 부하측 접지의 관계를 나타낸 그림이다. 이때 지락은 저압 기기에서 전압측 전로와 금속제 외함이 완전히 연결된 가장 심각한 상태를 상정한다.

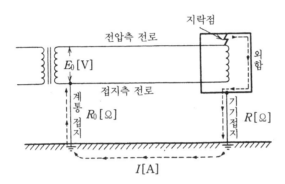

그림 34.1 전원측 접지와 부하측 접지의 관계

그림 34.1의 경우, 지락 전류는 저압 기기의 외함으로부터 기기 접지 → 대지 → 계통 접지를 통하여 전원으로 되돌아 간다. 이때 전원 전압을 E_0 [V], 기기 접지의 접지 저항을 R [Ω], 계통 접지의 접지 저항을 R_0 [Ω]으로 한다. 그렇게 하면 지락 전류 I[A]는 다음과 같은 식으로 주어진다.

$$I = \frac{E_0}{R + R_0} \ [\text{A}]$$

지락 전류가 흐르면 저압 기기의 외함에 전압이 발생한다. 그 전압을 E[V]로 하면 옴의 법칙에 따라

$$E = IR = E_0 \frac{R}{R + R_0}$$

이 상태에서 저압 기기의 외함에 사람이 접촉하면 최악의 경우 인체에 E[V]의 전압이 걸릴 가능성이 있다. 그래서 E를 **접촉 전압**이라 한다.

지금 전원 전압을 100V, 계통 접지를 10Ω, 기기 접지값을 다양하게 하여 위 식에 따라 접촉 전압을 계산한 것이 **표 34.1**이다.

기기 접지가 100Ω, 즉 제3종 접지 저항에 상당하는 경우 접촉 전압은 91V로 되어 전원 전압과의 차이는 별로 없다. 이렇게 되면 기기 접지를 실시하는 의미가 거의 없게 된다.

위 식을 보면 알 수 있듯이 접촉 전압은 전원 전압을 R과 R_0로 분할한 형태로 되어 있다. 따라서 접촉 전압을 전원 전압에 비해 충분히 낮게 하기 위해서는 R을 R_0와 같은 정도로 내려야 한다. 표 34.1을 보면 R을 10Ω으로 하여 겨우 접촉 전압이 50V로 되어 있다.

표 34.1 기기 접지와 접촉 전압

전원 전압 100V, 계통 접지 10Ω

기기 접지 $R[\Omega]$	접촉 전압 $E[V]$	기기 접지 $R[\Omega]$	접촉 전압 $E[V]$
100	91	20	67
80	89	10	50
60	86	5	33
40	80	1	9

계통 접지, 즉 제2종 접지 저항은 장소에 따라 매우 낮을 수도 있는데 특히 몇 개의 접지를 병렬로 연결한 경우가 그렇다. 이런 경우는 기기 접지도 같은 정도로 낮게 하지 않으면 접촉 전압은 내려가지 않는다.

그런데 기기 접지 저항을 낮게 한다는 것은 좀처럼 쉽지 않다. 그렇다고 해서 기기 접지의 저항을 높은 상태로 방치하면 감전 방지에는 거의 효과가 없다. 이러한 점이 저압 전로의 지락 보호에 누전 차단기를 도입한 배경이 되고 있다.

그런데 접촉 전압은 어느 정도까지 내리면 감전상 문제가 없는 것일까? 이것을 결정하는 데에는 인체에 전류가 얼마나 흐르게 되면 위험한가를 먼저 알아야 한다.

35. 인체 특성

사람의 신체에 어느 정도의 전류가 흐르면 위험한가 라는 문제는 전기 안전을 고려하는 데에 있어서 기본적인 문제이면서 상당히 어려운 문제이다. 그 이유는 첫째, 실험이 불가능하다. 우리들의 선배 중에는 이 문제를 구명하기 위해 자신의 몸에 직접 전류를 흘린 분이 있었다고도 하는데 그 용기에는 탄복하지 않을 수 없다.

오늘날 감전 문제의 연구에는 다음과 같은 두 가지 방법이 있다.

(1) 동물 실험

(2) 사고 데이터의 집약

이와 같은 방법밖에는 없기 때문에 감전 현상을 연구해서 그 성과를 얻기까지는 상당한 시간이 걸린다. 그렇지만 많은 연구자들의 다년간에 걸친 노력에 의해서 이 문제에 대한 명백한 해답을 얻을 수 있었다.

(1) 전류가 기본량 : 감전 사고의 위험 정도를 결정하는 인자는 전압인가 전류인가 그렇지 않으면 전력인가? 이것은 중요한 문제이다. 이 문제의 해답은 사고가 일어나는 다양한 조건에 따라 달라지고 있다. 그러나 감전 사고의 대부분을 차지하는 상용 주파수 전원에 의한 사고인 경우 **인체의 두 점간에 흐르는 전류가 기본량**이 된다. 즉 인체 통과 전류(상용 주파수, 실효값)의 대소에 따라 감전 사고의 위험 정도가 정해진다.

(2) 인체의 두 점간이란? : 감전 사고의 기본량은 인체의 두 점간에 흐르는 전류인데 그렇다면 인체의 2점이란 어디를 가리키는가?

이것은 논의를 시작하면 끝이 없다. 감전 사망 사고는 결국에는 심장의 컨트롤 상실이 원인이 되기 때문에 그것과 관련해서 여러 가지로 신체상의 위치에 따른 위험도를 적용시킬 수는 있다. 그러나 원래 감전 사고가 발생하는 위치는 예상할 수 없기 때문에 아무리 치밀하게 의논을 해도 소용이 없다.

그래서 보통 인체의 두 점간은 **4지**(肢)**간으로 한다. 즉, 양손 양발을 포함하는 4점 가운데 임의의 두 점간**이라는 의미이다. 이것은 감전 사고의 현실에 비추어 보아도 실제로 4지간에 전류가 흐르는 경우가 가장 많기 때문에 합리적이다.

(3) 지속 전류의 안전 한계 : 인체 통과 전류의 위험도를 결정하는 데에 있어서는, 먼저 지속적으로 일정한 전류가 인체에 흘렀을 경우, 즉 지속 전류를 고려한다. **표 35.1**은 지속 전류(상용 주파수, 실효값)가 인체에 미치는 효과를 나타낸다. 이것은 내외의 데이터를 집약하여 작성하였다.

표 35.1 인체에 대한 전류 효과 (상용 주파수, 실효값)

1 mA	단지 느끼는 정도
5 mA	상당히 통증을 느끼게 된다
10 mA	견딜 수 없을 정도로 괴롭다
20 mA	근육의 수축이 격심하여 피해자 스스로 회로에서 떨어져 나갈 수가 없다
50 mA	상당히 위험하다
100 mA	치명적이다

(4) 차단 시간의 도입 : 최근에는 저압 전로에도 누전 차단기를 설치하여 적극적으로 지락 보호를 하는 방향으로 가고 있다. 즉, 지락 전류가 발생하면 즉시 이것을 검출하여 전로를 차단하는 것이다.

그래서 인체 통과 전류의 위험도를 고려하는 데에 있어서도 차단 시간을 고려할 필요가 생겼다. 이것은 인체 통과 전류의 위험도를 판단하는 데에 그 통과 시간에 착안하는 것이다. 큰 인체 통과 전류라면 단시간에 위험하게 되며 작은 인체 통과 전류라면 장시간 흘러도 위험하지 않다.

이에 기초하여 독일의 퀘펜(Köppen)은 감전 전류의 안전 한계를 다음과 같이 전류와 시간의 곱으로 표현했다.

$$IT = \text{constant} \quad (일정)$$

여기서, I : 인체 통과 전류 [mA]

T : 통과 시간 [s]

퀘펜은 여러 가지를 검토한 결과 인체 통과 전류의 안전 한계로서 전류 시간의 곱을 50 mA · s로 할 것을 제창했다. 즉

$$IT = 50\text{mA} \cdot \text{s}$$

이것을 그래프화한 것이 **그림 35.1**의 A선이다. A선을 경계로, 오른쪽 위가 위험 범위이고 왼쪽 아래가 안전 범위이다. 예를 들면 100 mA의 전류가 인체에 1초 동안 흘렀다면 위험하지만 0.1초에서 차단되면 안전하다.

또한, 퀘펜의 곡선에서는 인체 통과 전류가 50 mA 이하일 경우 안전 한계는 시간에 무관하다고 보고 있다.

그림 35.1에서 B곡선은 전류와 시간의 곱을 30 mA · s로 했을 경우이다. 즉,

$$IT = 30\text{mA} \cdot \text{s}$$

B는 A에 1.67의 안전율을 고려한 것이다. 서유럽 여러 나라에서의 지락 보호는 대체적으로 이 B곡선을 기초로 해왔다.

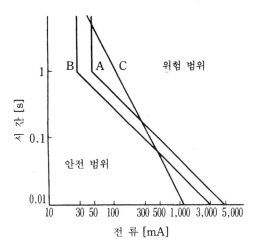

그림 35.1 감전 전류의 안전 한계

한편, 미국 캘리포니아대학의 달틸 교수는 감전 전류의 안전 한계를 다음과 같이 표현했다.

$$I^2 T = \text{constant} \quad (\text{일정})$$

달틸의 식은 감전 사고의 위험도가 전력에 비례한다는 점에 기초하고 있다. 교수는 동물 실험 데이터 등으로부터 다음과 같은 결과를 얻을 수 있었다.

$$I = \frac{116}{\sqrt{T}} \ [\text{mA}]$$

여기서, T의 단위는 [s]이며 그림 35.1의 C 곡선이 이것이다.

(5) IEC의 안전 한계 : 오늘날과 같은 국제화 시대에 있어서 감전 전류의 안전 한계가 나라마다 제각각이라면 안전 상태가 나빠진다. 예를 들면 가정용 전기 제품은 일본의 중요한 수출 상품이지만 가정용 전기 제품의 감전 방지 대책이 나라마다 다르다면 대단히 불편할 것이다.

그래서 IEC(국제전기표준회의)에서 협의한 결과, **그림 35.2**와 같은 표준 특성이 정해졌다. IEC에서 정한 표준 특성에서는 I-T 평면을 a, b, c, d라는 네 개의 곡선으로 나누고 있다. 그 결과 I-T 평면은 5개의 영역으로 구분된다. **심실세동**(心室細動)이란 전류에 의해서 심장의 컨트롤계가 혼란해져 경련을 일으키는 것으로 일단 일어나면 치명적이다. 따라서 영역 ④, ⑤는 완전한 위험 범위이다. 영역 ③은 안전 영역으로 보아도 되지만, 오늘날에는 여유를 두어 이곳도 위험 영역에 넣어 곡선 b를 위험과 안전의 경계로 하는 것이 세계적인 추세이다.

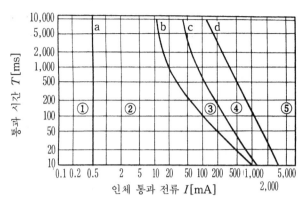

영역 ① 감지되지 않는다　② 병생리학적 효과 없음
　　 ③ 심실세동의 우려 없음　④ 심실세동의 우려 있음
　　 ⑤ 심실세동을 일으킨다

그림 35.2　감전 전류의 안전 한계 (IEC)

36. 환경과 위험

　감전의 위험성은 앞 절에서 기술한 바와 같이 인체를 통과하는 전류에 따라 결정된다.

　감전되어 외부로부터 인체에 전류가 유입되더라도 그 값이 작으면 단순히 자극만을 느낄 뿐이다. 이 범위의 전류를 **감지 전류**라 한다.

　인체 통과 전류가 커지게 되면 손발의 근육이 수축 경련을 일으켜 피해자는 스스로는 위험에서 빠져나갈 수 없게 된다. 이 범위의 전류를 **불수의**(不隨意) **전류** 또는 **이탈 한계 전류**라 한다. 인체 통과 전류가 더욱 커지게 되면 심장의 근육, 즉 심근이 미세하게 진동을 시작한다. 이 현상을 심실세동이라 하며 이것이 일어나면 치명적이다. 심실세동을 일으키는 전류를 **심실세동 전류**라 한다.

　또한 감전의 위험을 논하는 경우, 인체 저항을 알고 있다면 위험 전류를 전압으로 환산한 값을 이용하는 편이 편리한 경우도 있다.

　인체 저항은 인체에 가해지는 전압 이른바 **접촉 전압**에 따라 변화되는데 피부의 건습 상태에 따라 다르다. **그림 36.1**은 독일의 프라이베르거에 의한 인체 저항(통상 상태)과 접촉 전압의 관계를 나타낸다. 50V의 접촉 전압에 있어서 인체 저항의 하한은 약 1,700 Ω이다.

　손발이 물에 젖어 있으면 피부 표면의 각질층의 저항이 매우 작아져 거의 인체 내부의 저항만으로 된다. 인체 내부 저항은 약 500Ω이다.

　이와 같이 **인체 저항은 피부의 건습 상태에 따라 큰 폭으로 변한다.** 따라서 **물과 친숙한 환경일수록 인체 통과 전류가 크게 흐를 가능성이 있으므로 위험하다.**

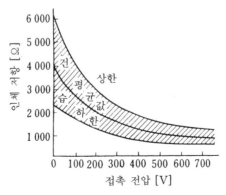

**표 36.1　인체 저항과 접촉 전압의 관계
(프라이베르거에 의함)**

37. 각종 환경과 전기 안전

앞 절에서 지적한 바와 같이 인체의 저항은 피부의 건습 상태에 크게 의존하고 있다. 따라서 감전 사고의 양상은 감전 사고가 일어난 환경에 따라 크게 변한다.

감전 방지라는 견지에서 환경의 상태를 급별로 분류한 것을 **접촉 상태**라 한다. 일본전기협회에서 발표하고 있는 「저압 전로 지락 보호 지침」에서는 접촉 상태를 **표 37.1**과 같이 제 1 종부터 제 4 종까지 4종류로 구분하고 각각 허용되는 접촉 전압을 정하고 있다.

표 37.1 접촉 상태와 허용 접촉 전압

종 별	접 촉 상 태	허용 접촉 전압
제1종	인체 대부분이 수중에 있는 상태	2.5V 이하
제2종	인체가 현저하게 젖어있는 상태 금속제의 전기 기계 장치나 구조물에 인체의 일부가 항상 접촉해 있는 상태	25V 이하
제3종	제 1 종, 제 2 종 이외의 경우로서 통상의 인체 상태에서 접촉 전압이 가해지면 위험성이 높은 상태	50V 이하
제4종	제 1 종, 제 2 종 이외의 경우로서, 통상의 인체 상태에서 접촉 전압이 가해질지라도 위험성이 낮은 상태 접촉 전압이 가해질 우려가 없는 경우	제한없음

제 1 종 접촉 상태에서 대상으로 하고 있는 전로는 욕조, 수영장 또는 사람이 출입할 우려가 있는 수조, 연못, 논 등의 내부에 시설하는 전로이다. 이러한 환경에서 감전되면 심실세동 전류를 대상으로 하는 것에서는 익사 등의 2차 재해를 초래할 우려가 있다. 그래서 인체의 허용 통과 전류를 불수의(不隨意) 전류의 최저값으로 판단되는 5 mA로 한다. 또, 1종 접촉상태에서는 피부표면이 현저하게 젖어 있기 때문에 인체저항은 500 Ω으로 한다. 따라서 허용 접촉 전압을 E[V]로 하면 옴의 법칙에 따라

$$E = 0.005\,[\text{A}] \times 500\,[\,\Omega\,] = 2.5\,[\text{A}]$$

제 2 종 접촉 상태는 욕조, 수영장 주변 또는 사람이 출입할 우려가 있는 수조, 연못, 논 등의 주변 혹은 터널 공사 현장 등 습기나 물기가 많은 장소이다. 금속제의 전기 기계 장치나 구조물에 인체의 일부가 항상 접촉되어 있는 상태에서는 피부 표면에 땀이 나고 있는 상태를 고려하고 있다. 제 2 종 접촉 상태에서는 제 1 종 접촉 상태와 같이 인체 저항은 500Ω, 인체의 허용 통과 전류는 퀘펜의 하한값인 50 mA로 한다(**그림 35.1** 참조). 그렇게 하면 허용 접촉 전압 E는

$$E = 0.05 [\text{A}] \times 500 [\Omega] = 25 [\text{A}]$$

제 3 종 접촉 상태는 주택, 공장, 사무소 등의 일반적인 장소이다. 이러한 장소에서는 손발이 젖거나 땀이 날 우려가 없으므로 인체 저항은 프라이베르거의 곡선(**그림** 36.1)에 따른다. 접촉 전압을 50V로 하면 프라이베르거의 곡선으로부터 인체 저항의 하한은 1,700Ω이다. 이때의 인체 통과 전류를 옴의 법칙에 따라 계산하면

$$\text{인체 통과 전류} = \frac{50 [\text{V}]}{1,700 [\Omega]} = 0.03 [\text{A}] = 30 [\text{mA}]$$

인체 통과 전류의 30 mA는 퀘펜의 곡선에서 1.67의 안전율을 고려한 곡선(**그림** 35.1의 B곡선)의 하한값과 같다. 따라서 제 3 종 접촉상태에서는 50V까지의 접촉 전압을 허용하게 된다. 일반 장소에서 50~65V 정도의 접촉 전압을 허용하는 것은 유럽에서 오랜 세월에 걸쳐 그렇게 해 왔던 영향이 크다.

제 4 종 접촉 상태에서 대상으로 하는 전로는 사람이 접촉될 우려가 없는 장소의 전로, 또는 은폐된 장소나 고층 빌딩에 시설된 전로이다. 제 4 종 접촉 상태에 있어서 접촉 전압에 특별한 제한이 없는 것에 대해서는 설명이 필요없을 것이다.

38. 전기 기기의 클래스 분류

IEC(국제전기표준회의)에서는 모든 전기 기기를 감전 방지라는 관점에서 다음과 같이 분류하고 있다. 이 분류는 산업 규격에도 도입되고 있다.

(1) 클래스 0 기기 : 「클래스 제로 기기」라 읽는다. **그림 38.1** (a)에 나타낸 바와 같이 클래스 0 기기란 전체적으로 기능이 절연뿐인 기기이다.

여기서 **기능 절연**이란 그 기기의 기능을 유지하는 데에 필요한 절연이라는 의미이다. 기능 절연이 없으면 전류가 기기의 외부로 누설돼 버려 소정의 회로에 전류가 흐르지 않게 되므로 기기가 제기능을 할 수 없게 된다. 따라서 모든 전기 기기에서 기능 절연은 필요하다.

그림 38.1 (b)와 같이 기능 절연 위에 금속층을 붙인 경우도 있다. 이것도 클래스 0 기기이다.

(2) 클래스 0I 기기 : **그림 38.2** (a)에 나타낸 바와 같이 클래스 0I 기기는 전체적으로 기능 절연뿐이지만 외부 금속층에서 어스선이 연결된 기기이다. 따라서 클래스 0I 기기는 클래스 0 기기와는 달리 외부 금속층을 접지할 수는 있다.

클래스 0I 기기에서는 어스선이 전원 코드와는 별개로 되어 있다. 즉, 전원 플러그에 접지극(어스 핀)이 없어 수도 꼭지 등에 어스선을 클립으로 고정시켜 어스해야만 된다 (그림 38.2 (b)).

클래스 0I 기기에서는 기능 절연이 열화할지라도 외부 금속층이 접지되어 있으므로 감전 사고를 방지할 수 있다. 단, 클래스 0I 기기의 접지에는 두 가지 큰 약점이 있다.

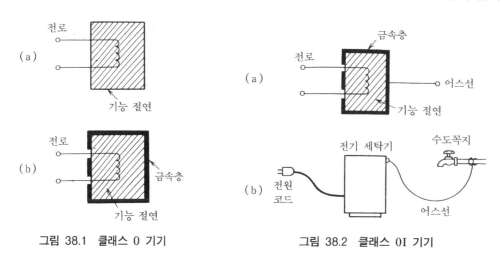

그림 38.1 클래스 0 기기   그림 38.2 클래스 0I 기기

(1) 수도에 비닐관이 사용된 이래 수도 꼭지를 어스로서 사용할 수 없게 되었다는 점. 때문에 가까운 곳에서 어스선을 연결할 접지 단자를 얻기가 쉽지 않다.

(2) 전원 코드와 어스선이 별개로 되어 있으므로 어스선의 접속이 철저하지 않다는 점. 어스선을 연결하지 않더라도 기기는 정상적으로 동작하기 때문에 어스선의 접속을 잊어버리기 쉽다.

이와 같이 클래스 0I 기기에서는 일단 어스하도록 되어 있지만 가정 전기 기기의 통례로서 일반 사용자에게는 철저한 어스를 기대할 수 없다. 따라서 클래스 0 기기와 별 차이가 없다.

(3) 클래스 I 기기 : **그림 38.3**에 개념적으로 나타내고 있는 바와 같이 클래스 I 기기는 전체적으로 기능 절연뿐이지만 외부 금속층에서 나오는 어스선이 전원 코드와 일체로 되어 있다. 당연히 클래스 I 기기의 전원 코드는 3심이고 그 플러그에는 접지극(어스 핀)이 붙어 있다.

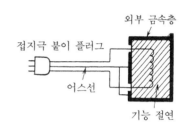

그림 38.3 클래스 I 기기

이 방식에서는 클래스 0I 기기의 약점이 해소되어 플러그를 콘센트에 삽입하면 자동적으로 외부 금속층의 접지가 실시되는 점이 큰 특징이다. 따라서 클래스 I 기기의 감전 방지 등급은 클래스 0 기기나 클래스 0I 기기에 비해 한단계 높다고 볼 수 있다.

클래스 I 기기의 문제점은 콘센트측, 즉 배선측에서 접지를 준비해야 한다는 점이다. 즉, 플러그에 접지극이 붙어 있기 때문에 콘센트에도 이것에 대응한 접지극이 필요하게 된다.

(4) 클래스 II 기기 : 클래스 I 기기는 감전 방지에 효과적이지만 모든 기기를 클래스 I로 할 수 있는 것은 아니다. 그러한 경우의 차선책으로 클래스 II 기기가 있다.

다시 그림 38.1 (b)의 클래스 0 기기로 되돌아 가기로 한다. 일반적으로 전기 기기는 기구상의 이유로 외부 금속층을 갖는 것이 많다. 이 밖에 클래스 0 기기에서는 기능 절연이 열화되면 바로 외부 금속층으로 전압이 나타나 위험이 발생했다. 이를 막기 위해 외부 금속층을 접지한 것이 클래스 I 기기이다.

안전 향상책은 접지에만 한정되지 않는다. 금속층 위에 또 한층의 절연층을 설치해서 (**그림 38.4**) 안전도를 향상시킬 수도 있다. 이것은 기능 절연이 열화해서 금속층에 전압이 나타나더라도 그것에 직접 접촉되지 않도록 하는 것이다. 다만 이 제2의 절연층이 열화되어 있다면 위험하지만 그 확률은 거의 희박하다고 보고 있다.

이 제2의 절연층은 기능상으로는 필요없지만 보호상으로 필요한 절연이라는 의미에서 **보호 절연**이라 불린다. 보호 절연층 위에 금속층을 여러개 쌓아도 상관 없다(그림 38.4 (b)).

클래스 Ⅱ 기기란, 이와 같이 **기능 절연**과 **보호 절연**이라는 2중 절연을 하는 기기이다. 그래서 클래스 Ⅱ기기를 **2중 절연 기기**라 한다.

(5) 클래스 Ⅲ 기기 : 전기 기기의 안전을 향상시키는 데에는 접지도 좋고 2중 절연도 좋다. 그러나 그 외에도 초저전압을 사용하는 제3의 방법이 있다.

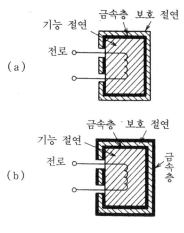

그림 38.4 클래스 Ⅱ 기기

설사 전기 기기에 기능 절연밖에 없어 절연이 저하되었다 할지라도 전원 전압 그 자체가 낮으면 큰 위험은 초래하지 않는다.

IEC에서는 초저전압용의 기기를 클래스 Ⅲ 기기라 부른다. 여기에서 문제가 되는 것은 초저전압의 값이다. IEC에서는 이 초저전압을 50V로 하고 있다.

유럽에서는 오래전부터 접촉 전압을 50~65V로 억제해 왔다. 이 영향을 받아 IEC에서는 50V를 채택했다고 본다.

39. 2중 전열 기기

　2중 절연 기기란 앞 장에서 기술한 클래스 Ⅱ 기기를 말한다. 전기 기기에 의한 감전을 방지하기 위해 기기의 금속 부분을 접지하게 되는데 모든 기기에서 접지가 가능하지는 않다. 또 기기중에는 일일이 접지를 해야 하는 번거로운 것도 있는데 이동하면서 사용하는 전동 공구 등이 그 예이다. 이러한 기기의 감전 방지책으로는 2중 절연법이 적합하다.

　일본에서 2중 절연법이 도입된 것은 비교적 근래에 들어서다. 2중 절연법의 일반적 기준으로서 「클래스 Ⅱ 전기 기기의 절연 구조 통칙」이 제정되어 있다. 그 일부를 소개하고자 한다.

〔1〕 용어의 의미 (그림 39.1 참조)

(1) 기능 절연 : 기기 본래의 기능에 필요한 절연으로서 감전에 대해서 기초적인 보호물의 역할을 하는 절연

(2) 기능 절연부 : 기능 절연으로써 충전부에서 절연된 금속부

(3) 보호 절연 : 기능 절연이 파괴되었을 때에 확실하게 감전 방지를 할 수 있도록 기능 절연에 부가하여 설치된 독립된 절연

(4) 2중 절연 : 기능 절연과 보호 절연의 두 가지가 이루어지는 절연

(5) 강화 절연 : 2중 절연을 하기 어려운 경우에만 적용되는 것으로서 전기적·기계적 성능이 2중 절연과 동등 이상으로 강화된 기능 절연

(6) 클래스 Ⅱ 전기 기기 : 전면적으로 2중 절연이나 강화 절연 혹은 2중 절연과 강화 절연을 병용한 것으로 접지를 하지 않는 기기

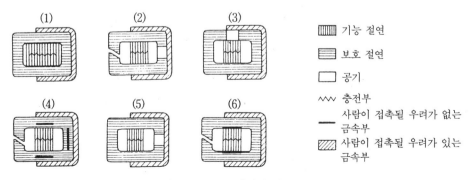

그림 39.1　2중 절연의 기본 구조

〔2〕 2중 절연의 기본 구조

2중 절연의 기본 구조는 **표 39.1** 중의 하나 또는 그것들의 조합에 의한다. 한마디로 2중 절연의 구조는 상당히 복잡하다. 개구부의 유무, 공기의 존재, 사람이 접촉될 우려가 없는 금속부 등에 따라서 그림 39.1과 같이 여러 가지의 종류가 있다.

〔3〕 클래스 Ⅱ 기기로서의 표시

클래스 Ⅱ 기기에는 눈에 띄기 쉬운 곳에 잘 지워지지 않는 것으로 「클래스 Ⅱ」라고 표기하든가 또는 ▣를 표시를 하도록 되어 있다.

표 39.1   2중 절연의 기본 구조

구분	조 건	기 본 구 조			그림 39.1
		개구부	충전부와 기능 절연	기능 절연과 보호 절연	
1	기능 절연 및 보호 절연은 그 중의 어느 한 쪽의 열화가 다른 쪽으로 확산될 우려가 없도록 하고, 각각의 재료는 전기적 및 기계적 성질이 다른 것으로 할 것. 단, 기능 절연 및 보호 절연이 같은 재료로 되어 있는 경우로, 어느 한쪽의 열화가 다른 쪽으로 확산될 우려가 없도록 상호간에 격리되어 있는 경우는 상관없다.	없음	나(裸)충전부가 기기의 내부에서 노출되지 않게 기능 절연으로 완전하게 감싸여진 것	금속부를 넣지 않는 기능 절연이 보호 절연으로 감싸여진 것	(1)
2		있음	나충전부가 일부 기기의 내부에서 노출되어 있는 것		(2)
3		없음			(3)
4		있음		충전부 및 사람에 접촉될 우려가 있는 금속부에 접속되어 있지 않는 금속부가 보호 절연에 매입되어 있는 것	(4)
5	전기적 고장 또는 기계적 파괴 등의 손상이 기능 절연의 내부에 발생할지라도 사람에게 접촉될 우려가 없는 금속부에 의해 보호되어 보호 절연에 손상을 미칠 우려가 없는 것으로 할 것	없음		기능 절연과 보호 절연 사이에 사람이 접촉될 우려가 없는 연속한 금속부를 시설한 것	(5)
6		있음		기능 절연과 보호 절연 사이에 금속부를 시설하고, 나충전부와 보호 절연 사이에는 시설하지 않은 것	(6)

40. 접지극 붙이 콘센트

지중에 매설된 금속제 수도관로는 접지 저항이 매우 낮아 효과적인 접지체로서 기능을 한다. 이와 같이 본래에는 접지극으로서 공사한 것은 아니지만 자연 발생적으로 접지체로서 기능하는 것을 **자연 접지체**라 한다. 이에 대해 처음부터 접지를 목적으로 공사를 한 접지 전극 등을 **인공 접지체**라 한다.

한편 수도관을 접지극으로서 이용하는 것은 전기설비 기술기준에도 인정하고 있지만 근래에 들어 수도관 접지를 둘러싸고 곤란한 상황에 직면하고 있는데 그것은 **수도관에 절연물인 비닐관이 사용되면서 비롯되었다.** 비닐관은 절연 물질이다. 따라서 일부분이라도 수도관에 비닐관이 사용되고 있다면, 거기서 수도관은 정기적으로 절연되어 버린다. 최근에는 비닐관은 상당히 광범위하게 사용되고 있어 본관에 가까운 곳까지 비닐화되고 있다.

이러한 정세이기 때문에 수도관은 접지체로서는 전혀 신뢰할 수 없다. 가정 등에서 접지 단자로서 손쉽게 이용할 수 있었던 수도 꼭지가 이러한 정세에 따라 사용할 수 없게 되면 전기 안전의 확보를 위해서는 별도의 수단을 취하지 않으면 안된다.

먼저 생각할 수 있는 것은 각각의 기기마다 접지 공사를 하는 방법이다. 그러나 일반 대중에게 이것을 요구한다는 것은 무리이다. 전자 레인지의 예가 명백하게 보여주듯이 접지 공사는 유감스럽게도 철저하게 이루어지고 있지 않다. 또 고층 아파트나 맨션에서는 접지 공사를 하려고 해도 현실적으로 불가능한 경우가 있다.

그래서 고안해 낸 것이 접지를 배선측에서 준비하는 방향이다. 구내 어딘가의 한 곳에 본격적인 접지 공사를 하고 그곳에서 각 콘센트까지 접지선을 배선한다. 따라서 당연히 콘센트는 **그림 40.1**과 같이 **접지극 붙이 콘센트**가 된다.

부하 기기에는 접지극 붙이 콘센트에 대응하여 클래스 I 기기를 사용하도록 한다. 클래스 I 기기에서는 접지극 붙이 플러그로 되어 있으므로 이것을 접지극 붙이 콘센트에 꽂으면 자동적으로 비충전 금속부분이 접지된다. 이것으로 수도관 접지에 대한 무효화의 문제는 해결된다.

접지극

그림 40.1 접지극 붙이 콘센트

이 방법의 문제점은 배선측에서 접지 공사를 하고, 각 콘센트까지 접지선을 배선해야 하기 때문에 이를 위한 비용이 더 든다는 점이다.

41. 누전 차단기의 등장

누전 차단기는 주로 유럽에서 감전 방지나 전기 화재 방지를 위해 개발돼 온 것이다. 유럽에서 어떻게 이와 같이 누전 차단기가 발달해 왔느냐 하면 그것은 옛부터 가정의 배전이 200V로 시행되고 있어 감전 방지가 신중하게 고려돼 왔기 때문이다.

일본에서는 미국과 같이 가정의 배전 전압은 100V급이었으므로 감전 방지는 등한시 되어 왔었다. 그러나 지금까지 기술한 바와 같이 수도관 접지가 무효화되고 있는 한편 신변에 있는 전기 기구의 수는 증가하고 있다. 그래서 앞으로는 적극적으로 감전 방지를 도모해야 하는데 접지극 붙이 콘센트와 아울러 유력한 방법이 누전 차단기이다.

누전 차단기에는 전류 동작형과 전압 동작형의 두 종류가 있지만 후자는 사용상 여러 가지의 난점이 있기 때문에 사용빈도가 높지 않다.

전류 동작형 누전 차단기의 동작 원리를 **그림 41.1**에서 설명한다. 전류 동작형 누전 차단기는 그 속에 일종의 CT(전류 변성기)를 내장하고 있다. 이 CT는 영상 전류 변성기(ZCT)라 불린다.

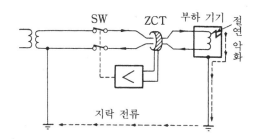

그림 41.1 전류 동작형 누전 차단기의 동작 원리

그림 41.1에 나타낸 바와 같이 부하 기기의 절연이 정상이라면 왕복 전류는 ZCT에서 균형을 이루고 있으므로 ZCT의 2차측에 전류는 발생하지 않는다. 그런데 부하 기기의 절연이 악화되어 그림의 점선으로 표시한 바와 같이 지락 전류가 흐르면 ZCT에서 전류의 균형이 깨어져 그 2차측에 전류가 나타난다. 이 전류를 적당하게 증폭하여 차단하는 것이다.

이와 같이 누전 차단기의 효과는 대단하지만 목적에 맞게 감도를 설정하지 않으면 이른바 불요 동작을 일으킨다. 불요 동작(nuisance trip)이라는 것은 누전 차단기가 너무 민감하여 약간의 노이즈에도 동작하는 것을 가리킨다.

감전 방지의 경우, 지락 전류가 30 mA로 되면 동작하도록 설정하는 것이 적당하다.

42. 누전 차단기와 접지

누전 차단기를 설치하면 접지를 할 필요가 없는가?

결론부터 말한다면 누전 차단기를 설치해도 접지는 필요하다.

그림 42.1에 나타낸 바와 같이 절연이 악화된 전기 기기의 비충전부분에 접촉되어 감전되는 경우 지락 전류는 두 가지 성분으로 이루어진다.

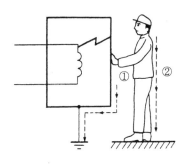

① 누설 전류   ② 인체 통과 전류

그림 42.1   지락 전류의 구성

(1) 비충전 금속 부분에서 대지로 직접 유출되는 전류이므로 여기에서는 **누전 전류**라 부른다.

(2) 비충전 금속 부분에서 인체를 통과하여 대지로 유출되는 전류이므로 여기에서는 이것을 **인체 통과 전류**라 부른다.

그림 42.1에 나타낸 바와 같이 이들 두 가지의 전류는 비충전 금속 부분으로부터 대지로 병행하여 흐르므로 다음과 같은 관계가 있다.

지락 전류＝누설 전류＋인체 통과 전류

종래에는 감전 방지를 구상하는 경우에는 지락 전류 중의 인체 통과 전류에 중점을 두고 누설 전류를 무시했었다. 즉,

지락 전류≒인체 통과 전류

라는 사고 방식을 취하고 있었다.

즉, 누전 차단기는 인체 통과 전류를 방아쇠로 하여 동작시킨다는 사고 방식이었다. 이 사고 방식은 어떤 의미에서 안전 지대에 놓여 있다. 왜냐하면 가정과는 반대로 누설 전류가 무시할 수 없을 정도로 존재한다면 그 만큼 작은 인체 통과 전류에 의해서 누전

차단기가 동작하기 때문이다.

누전 차단기는 인체 통과 전류만으로도 충분히 안전한 시간내에 동작하도록 조정되어 있다면, 전기 기기 자체가 대지에서 떠 있더라도(접지 저항 무한대) 이론적으로 안전하다.

그러나 전기 기기의 절연이 저하되었을 경우, 외함이 접지되어 있으면, 인체가 접촉하기 전에 누설 전류에 의해서 누전 차단기가 동작될 가능성이 있다. 인체 통과 전류를 방아쇠로 하는 것보다는, 누설 전류에 의해서 누전 차단기를 동작시키는 쪽이 합리적이다. 따라서 **누전 차단기가 있더라도 접지는 실시해야 한다.**

43. 누전 화재와 지락 보호

지락 보호에는 다음과 같은 세 가지 목적이 있다.

(1) 감전 방지

(2) 누전 화재의 방지

(3) 아크 지락 대책

일본에서의 저압 전로에 대한 지락 보호는 근래에 들어 급격히 수요가 증가한 누전 차단기의 영향을 강하게 받고 있다. 누전 차단기는 감전 방지를 목적으로 설치되고 민감하게 동작하는 것이 많다.

회로 말단의 분기 회로에서는 감전 방지를 목적으로 하여 민감하게 지락 보호를 해도 되지만, 피더나 간선 등의 상위 계통에 대해 민감하게 지락 보호를 하면 오히려 피해가 생길 수 있다(**그림 43.1**).

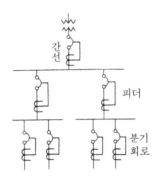

그림 43.1 계통 구성과 지락 보호

왜냐하면 **상위 계통일수록 지락 보호 장치가 동작했을 경우에 정전 범위가 커지기 때문이다.**

오늘날의 전기 사용 상태에서는 회로가 뜻하지 않게 차단되면 상당한 불편과 혼란을 초래하여, 경우에 따라서는 치명적인 사고로 이어지기 쉽다.

그래서 상위 계통에서는 지락 보호의 목적을 누전 화재 방지나 아크 지락 대책으로 옮겨 보호 장치의 감도를 둔하게 해야 한다.

누전 화재용으로 지락 보호 장치의 감도를 설정하는 데에는, 누전 화재가 어느 정도의 지락 전류에 의해 발생하는가를 파악해야 한다. 이것은 건축의 재료, 시공 방법, 전기 공사 재료, 배선의 방법 등 많은 요인과 관련되어 상당히 복잡하다.

1955년 10월 1일 일본의 어느 고장에서 화재가 발생해 불이 민가로 번지고 불똥이 튀어 나가 1,235동을 태워버린 대화재가 있었다.

이 대화재의 원인은 외등에서 누전된 전기가 외벽의 와이어 라스(wire lath)에 흘렀기 때문이라 한다. 와이어 라스라는 것은 목조 모르타르 마무리 벽의 밑바탕에 이용되는 금속망을 말한다.

이 화재가 난 후에 전기 설비의 금속 부분은 와이어라스에서부터 절연하도록 기술기준이 개정되어 그 후부터는 이러한 종류의 화재는 적어졌다. 누전 화재와 건축 시공 방법의 관계를 나타낸 대표적인 예이다.

현재 일본에서는 화재를 일으키는 지락 전류의 최소값으로서 1A를 채택하는 것이 합리적이라 보고 있다.

44. 아크 지락과 그 대책

지락 보호의 제 3 의 목적은 아크 지락에 의한 전기 설비의 파괴 방지이다. 여기에서 전기 설비란 기기, 배관, 박스, 버스 덕트 등을 가리킨다.

아크 지락 사고는 보통 그보다 먼저 일어나는 **아크 단락 사고**가 발단이 되어 일어난다. 그래서 양자를 총칭하여 **아크 사고**라 한다.

아크 사고는 먼저 미국에서 문제가 되었다. 미국의 각 도시의 빌딩이나 공장에서는 아크 사고가 무시할 수 없을 정도로 일어나고 있어 사망자가 나오기도 했다. 이런 종류의 사고를 미국에서는 'Burn-down'이라 부르고 있는데 직역하면 '깡그리 태워 버리다'라는 뜻이 된다. 그러나 이 경우는 가연물의 연소에 의한 전기 설비의 소실, 즉 일반 화재에 의한 손해를 의미하는 것은 아니다. 아크 사고에 의한 Burn-down이란 아크 사고 전류의 에너지에 의해서 야기되는 과도적인 손상을 말한다. 아크 에너지는 상상 이상으로 커서 그 열은 동제 또는 알루미늄제의 도체나 철판제 케이스를 녹이고 증발시켜 유기 절연물에서는 가스를 발생시킨다.

아크 사고로서 유명한 사건으로는 뉴욕에서 있었던 대형 아파트 사고가 있다. 이 때의 아크 사고는 1시간 동안에 걸친 단속으로 480/277V의 배전반이 완전히 파괴되어 두 개의 5,000A용 모선이 녹아서 흔적도 없이 증발했다. 복구까지 여러 날이 걸렸는데 그 동안 약 1만 세대가 수도, 조명, 엘리베이터를 사용할 수 없었던 대형 사고였다. 미국에서는 수분에서 20분 정도까지의 사고가 수없이 많이 보고되고 있으며, 발생된 장소를 보면 로드 센터, 배전반, 모선, 제어센터, 케이블 등 여러 갈래에 걸치고 있다. 일본에서는 이러한 종류의 아크 사고에 관해 공식적인 기술 보고는 보이지 않지만, 실제로는 사고가 발생하고 있다. 역시 일본에서도 400V 계통에서 많이 일어난다.

일반적인 단락 사고에서는, 차단기가 즉시 동작하여 전원에서 단락 회로를 차단 분리한다. 그러나 **아크 단락인 경우는 차단기가 동작하지 않든가 또는, 동작하더라도 시간이 오래 걸리기 때문에, 그 동안에 사고가 점점 확대하여 아크 지락으로 발전하게 된다.**

오늘날의 간선용 차단기는 정격 전류의 약 10배 이상의 단락 전류가 흐르지 않으면, 그 즉시에는 동작하지 않도록 설정되어 있다(**그림 44.1** 참조). 이것은 불필요한 차단 동작의 가능성을 가급적 감소시켜 전력의 공급 신뢰도를 올리기 위해서이다. 또한 모터 등의 기동 전류에도 동작하지 않도록 정격 전류의 수배가 되는 과전류에 대해서 수 십 초 늦게 동작하도록 설정되어 있다.

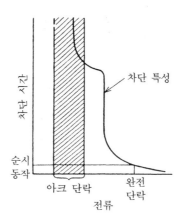

그림 44.1 **차단기의 동작 특성**

　모선의 사이가 금속으로 연결된 것과 같은 완전 단락 사고라면 큰 단락 전류가 흐르지만, 아크 단락 사고인 경우는 아크 부분에서 전류가 제한되기 때문에 완전 단락과 같이 큰 단락 전류가 흐르지 않는다.

　따라서 아크 단락인 경우는 아크 단락 전류의 크기에 의해, 경우에 따라서는 차단기가 동작하지 않거나 또는 동작하더라도 시간이 많이 걸리게 된다.

　이 아크 사고의 피해를 방지하는 데에는 지락 보호가 가장 적합하다. 즉 아크 단락은 반드시 아크 지락으로 발전되므로, 그 순간에 회로를 차단하는 것이다. 구체적으로는 간선에 지락 계전기를 설치하고 이 계전기의 신호에 의해서 차단기를 동작시킨다.

　문제는 이 지락 보호의 감도를 어느 정도로 할 것인가이다. 아크 지락 보호는 간선부분에 실시되는 것이기 때문에 그다지 민감하게는 할 수 없다.

　미국전기공사규정에서는 전류 용량이 1,000A 이상인 인입구에는 아크 지락 보호를 의무화하고 있다(230-95조).

Ⅲ

응 용

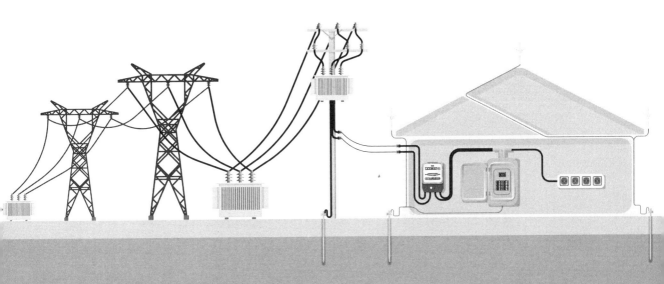

45. 접지의 모형 실험법

접지 전극을 설계할 때 모양이 복잡한 전극인 경우에는 계산 공식을 유도하는 것이 곤란하다. 이러한 경우 접지 저항을 추정하는 편리한 방법으로서 **모형 실험법**이 있다.

접지의 모형 실험법은 **그림 45.1**과 같이 수조 속에 접지 전극의 축척 모형(스케일 모델)을 배치하여 측정하는 방법이다.

이 수조 모형 실험법은 옛날부터 다양한 분야에서 실행되어 왔으며 그 대표적인 응용 분야에 정전 용량의 추정, 전위 분포의 추정이 있다. **전해액조(電解液槽)법 모형 실험**이라고도 불린다.

수조 모형 실험에 필요한 것으로는 수조, 그 속에 넣는 매질, 모형 접지 전극, 전원이 있다.

접지의 모형 실험을 하는 데에는 먼저 균질 대지와 유사한 환경을 만들어야 한다. 수조 모형 실험에서는 그림 45.1과 같이 물을 가득 채운 수조를 균질 대지에 가깝게 만든다.

수조는 측정 정밀도라는 관점에서 보면 클수록 바람직하다. 수조는 반드시 금속제일 필요는 없다. 단, 접지 모형 실험에서는 **리턴 전극(귀로 전극)**이 필요하다. 따라서 합성 수지와 같은 절연제 용기를 사용하는 경우는 그 속에 반구상의 금속제 망상 전극을 리턴 전극으로 넣어야 한다(**그림 45.2**).

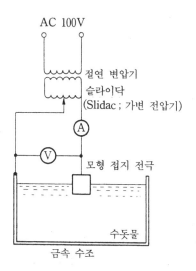

그림 45.1 접지의 모형 실험법

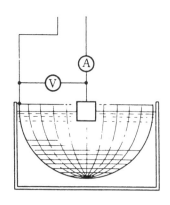

그림 45.2 **절연물 수조인 경우** (반구상의 금속제 망상 전극을 리턴 전극으로 한다)

 이러한 점에서 리턴 전극으로서 수조 그 자체를 이용할 수 있는 금속제 수조를 이용하는 편이 수조의 넓이를 효과적으로 사용할 수 있어 유리하다.

 수조 속에 넣는 매질로는 전해질 용액도 고려할 수 있지만, 실제로는 사용하기 편리한 수도물을 이용한다. 수도물의 저항률은 온도에 따라 변하기 때문에, 수온을 모니터링해 놓고 조견도에 의해서 저항률을 추정한다.

 전극 재료로서는 도전성이 높은 것이 바람직하며, 일반적으로 가공이 용이한 동, 황동이 사용된다. 이들 전극은 수조 속에서 물에 잠기게 되므로, 크기가 작은 모델인 경우는 물의 표면 장력 때문에 전극 표면과 물이 잘 융합되지 않는 수가 있다.

 이렇게 되면 측정 결과에 영향을 미치게 되므로, 사용하기 전에 전극 표면을 탈지할 필요가 있다.

 전원으로서는 상용 전원을 사용하고, 배전 계통의 접지와 단절시키기 위해 반드시 절연 변압기를 넣는다.

 접지 저항이란 접지 전극에 전류를 흘렸을 때에, 무한 원점에 대한 접지 전극의 전위 상승값을 주입한 전류값으로 나눈 몫이다.

 수조 모형 실험인 경우는, 그림 45.1에 나타낸 바와 같이, 주입한 전류의 크기는 전류계로 측정하고 모형 접지 전극의 전위 상승은 전압계로 측정한다. 전압계의 한쪽 단자는 모형 접지 전극에 연결하고, 다른쪽 단자는 금속 수조인 경우 수조 그 자체에 연결한다. 절연물제 수조인 경우는 리턴 전극에 연결한다.

 접지 저항은 이론적으로 엄밀하게 말하면 무한 거리의 대지까지 포함된다. 그런데 수조 실험의 경우 수조의 크기는 유한하다는 한계가 있다. 수조의 유한성에 의한 오차는 반구 전극과 반구 수조(**그림 45.3**)에 의해서 개략적으로 짐작할 수 있다.

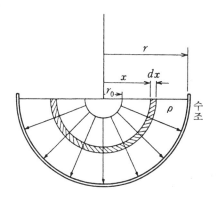

그림 45.3 반구 전극과 반구 수조

　　그림 45.3과 같은 반구상 접지 전극(반경 r_0)인 경우, 주입 전류가 방사상으로 유출되는 것으로 하고 반구의 중심에서 거리 r인 곳에 반경 r인 반구면의 수조를 상정한다. 물의 저항률을 ρ로 하면, 반구 전극의 중심에서 거리 x인 곳의 두께 dx인 부분의 저항 요소 dR은

$$dR = \rho \frac{dx}{2\pi x^2}$$

dR은 전극에서의 거리 x의 제곱에 반비례하여 작아진다.

　　전극의 표면$(x=r_0)$에서 무한 원점$(x \to \infty)$까지의 dR을 적분한 결과가 반구 전극의 이론상의 접지 저항 R이다. 즉

$$R = \int_{x=r_0}^{\infty} dR = \frac{\rho}{2\pi} \int_{r_0}^{\infty} \frac{dx}{x^2} = \frac{\rho}{2\pi} \left[-\frac{1}{x} \right]_{r_0}^{\infty} = \frac{\rho}{2\pi r_0}$$

반경 r의 수조를 사용하여 실험한 것으로서 수조보다 외측으로 분포되는 저항분을 ΔR로 하면 그것은 dR을 $x=r$에서 $x \to \infty$까지 적분한 결과와 같아져

$$\Delta R = \int_{x=r}^{\infty} dR = \frac{\rho}{2\pi r}$$

반경 r의 수조를 사용하여 실험했다고 하면, 수조보다 외측으로 분포되어야 할 저항분 ΔR은 무시되므로, 측정 결과에 그 만큼의 오차가 들어가게 된다. 지금 이 오차를 **절단 오차** ε[%]로 하고, 이것을 산정하기 위해 ΔR과 R의 비를 구해보면

$$\varepsilon = \frac{\Delta R}{R} \times 100 = \frac{r_0}{r} \times 100 \, [\%]$$

　　즉, 오차 ε는 r_0 / r의 비에 의해서 결정된다. **표 45**.1에 여러 종류의 r에 관하여 ε를 계산하였다.

　　r는 r_0의 배수로 나타내고 있다. $r = 10r_0$, 즉 수조의 반경이 모형 반경의 10배인 경우 오차 ε는 10%이다.

표 45.1　수조의 크기와 절단 오차

r_0 : 모형 전극의 반경

수조의 반경 r	절단 오차 ε[%]
$2\,r_0$	50
$5\,r_0$	25
$10\,r_0$	10
$20\,r_0$	5

모형에 비해 큰 수조를 사용할수록, 반대로 수조에 비해 모형을 작게 만들수록, 오차는 작아진다.

무한정 큰 수조를 만들수도 없고, 반대로 모형을 축소하는 데에도 한도가 있다. 따라서 현실적으로 실험에서 생기는 다소의 절단 오차는 피할 수가 없다. 단, **접지 저항의 추정 정밀도는 절단 오차 ε에 의해서 결정되는 것도 아니다. 추정 정밀도를 개선하는 방법이 있다.**

그것은 반구 전극으로 실험했을 경우, 그 접지 저항의 참값은 이론적으로 명백하게 정해져 있으므로 그것을 이용하여 절단 저항분 ΔR을 정확하게 산출할 수 있기 때문이다.

이 ΔR은 구체적인 실험 조건(수조의 크기와 형상)에 의해서 거의 결정되어, 모형 형상의 영향은 그다지 받지 않는다.

왜냐하면 **형상에 따른 접지 저항의 변화는 전극 부근에서만 발생하고, 원격으로 될수록 작아지기 때문이다. 따라서 반구 이외의 전극으로 실험을 했을 경우에도, 반구일 때의 ΔR을 사용하여 측정값을 어느 정도 보정할 수 있다.**

다음에 축척 환산법에 대해 기술한다. 이미 ⑤에서 기술한 바와 같이 전극의 형상이 일정하고 크기가 서로 다르게 변하는 경우 접지 저항 R은 다음과 같이 표현된다.

$$R = k \frac{\rho}{l}$$

여기서, l : 전극의 규모를 표현하는 특징적인 치수

k : 형상에 따라 정해지는 계수

그림 45.4에 나타낸 바와 같이 접지 전극의 형상을 고정시키고, 서로 다르게 그 치수를 작게 했을 경우, 대지 저항률은 일정하다는 가정하에 그 치수에 반비례하여 접지 저항은 높아진다. 즉 다음 식과 같은 관계가 된다.

$$\frac{R_1}{R_2} = \frac{l_2}{l_1}$$

여기서, R_1 : 대표적인 길이가 l_1인 전극의 접지 저항

R_2 : 형상이 서로 다르고, 대표적인 길이가 l_2인 전극의 접지 저항

지금 **그림 45.5**에 나타낸 바와 같이 대지 저항률이 달라지는 경우는 다음과 같이 된다.

$$\frac{R_1}{R_2} = \frac{\rho_1}{\rho_2} \cdot \frac{l_2}{l_1}$$

그래서 R_1을 원형 전극의 접지 저항, R_2를 모델 전극의 접지 저항, m을 축척률 ($=l_2/l_1$), ρ를 대지 저항률, ρ_m을 모델 실험에 이용한 매질의 저항률로 하면

$$R_1 = R_2 \frac{\rho}{\rho_m} m$$

위 식에 따라 모형의 접지 저항을 이용해 원형의 접지 저항을 추정할 수 있다.

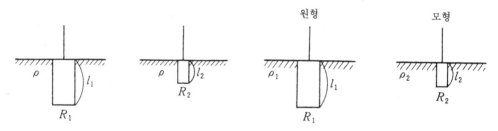

그림 45.4 상사형 전극(대지 저항률 일정)   그림 45.5 원형과 모형

46. 정전기 접지

마찰 등에 의해서 발생한 정전기가 특정한 부분에 이상적으로 축적되어 각종 재해나 장해를 일으키지 않도록, 정전기를 재빨리 대지로 방류하기 위한 접지이다.

최근에는 화학 섬유나 플라스틱 등 정전기가 발생하기 쉬운 재료가 주위에 증가하고 있다.

한편, IC를 내장하는 전산기와 같이 정전기에 의해서 손상을 입기 쉬운 장치도 주변에 많아지고 있다.

그림 46.1에 정전기 현상에 의해서 발생하는 재해·장해의 분류를 나타내었다.

정전기에 의한 재해·장해의 원인은 도체(금속)에 대한 접지 설비 그 자체의 미비, 또는 접지 설비의 관리 미비에 의한 것이 많다. 정전기 접지의 대상은 정전기 발생, 또는 정전기 유도에 의해서 대전된 도체가 정전기 재해·장해의 원인으로 될 우려가 있는 경우이다.

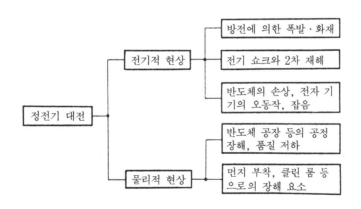

그림 46.1 정전기 현상에 의해 발생하는 재해 및 장해

그림 46.2에 정전기 접지의 개념도를 나타내었다. 먼저 정전기가 축적되는, 즉 "**대전**"될 가능성이 있는 도체(금속)가 있다. **이 도체는 대지로부터 절연된 도체**이다. 그 **도체와 대지에 의해서 정전 용량, 즉 콘덴서가 형성되고 있다.** 다시 말하면 **대전이란 이 콘덴서로의 충전**을 의미한다.

이때 대지로부터 절연된 도체라는 것은, 대지와의 사이의 절연 저항이 무한대라는 이상적인 상태임을 의미하지만, 실제로는 유한한 누설 저항값을 나타내는 경우가 많다. 즉, 누설이 있는 불완전한 콘덴서가 형성되고 있는 경우가 보통이다.

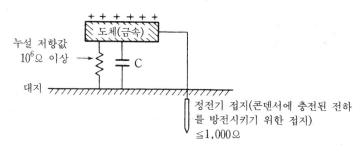

그림 46.2 정전기 접지의 개념도

그래서 정전기 접지의 대상이 되는 도체인가의 여부를 판단하는 기준이 필요하게 된다. 현행 규약에서는 $10^6\,\Omega$ **이상의 누설 저항값**(도체에 $20\,cm^2$ 이하의 전극을 접촉시켜 측정했을 때의 값)**을 나타내는 도체에는 정전기 접지를 하도록** 되어 있다. 그리고 그 **접지 저항은** $1,000\,\Omega$ **이하**로 한다.

일반적으로 다음의 도체에는 일부러 대전 방지를 위한 접지를 할 필요가 없다.

(1) 이미 피뢰용, 지락 보호용, 계산기용 등 다른 목적을 위한 접지가 실시되고 있는 금속 물체 및 이것들과 용접·볼트 체결 등에 의해서 기계적·전기적으로 견고하게 접속되어 있는 금속 물체로서, 누설 저항이 어떠한 경우에도 $1,000\,\Omega$ 이하인 것.

(2) 지중 매설의 금속 구조물·금속제 배관, 건조물의 철골·철근 등 및 이것들과 용접·볼트 체결 등에 의해서 기계적·전기적으로 견고하게 접속되어 있는 금속 물체로서, 그 누설 저항이 어떠한 경우에도 $1,000\,\Omega$ 이하인 것.

47. 대지 변수의 추정법

석유나 광석 또는 물 등의 지하 자원의 개발, 댐이나 터널 등의 토목 공사를 하는 경우에는 사전에 그 토지의 지하 부분의 지질에 관한 정보를 파악해야 한다.

지질을 조사하는 방법으로서는 보링(boring)법이 일반적이지만, 이 방법은 규모가 크고 비용도 막대할 뿐 아니라 토지에 따라서는 시추에 한계가 있는 곳도 있다. 어쨌든 땅속으로 들어간다는 것은 현대의 기술이 아무리 뛰어나더라도 그렇게 용이한 것이 아니다. 그래서 고안해 낸 것이 지표에서 지구 내부의 정보를 얻는 방법이다. 근래에 들어서는 전자 기기의 개발이 진보함에 따라, 지표에서 실행하는 이른바 **전기 탐사**가 성행하고 있다.

전기 탐사는 지구 내부의 흙이나 암석의 전기적 성질을 이용하는 방법으로, 자연 전위 또는 인공적으로 전계를 가하여 그에 따른 여러가지 양을 지표에서 측정하고, 거기서 얻은 데이터로부터 지구 내부의 구조나 형태를 추정하는 방법이다. **물리 탐사**라 불리는 것으로 탄성파, 음파를 이용하는 방법도 있다. 이 방법을 이용하는 대표적인 것으로 유전 탐사를 들 수 있다. 규모는 작지만 접지 설계 분야에서도 지구 내부의 정보를 알고 싶은 경우가 있다. 즉, 이 토지는 지층이 몇 층으로 되어 있고 각층의 대지 저항률은 몇 $\Omega \cdot m$일 것인가라는 정보이다.

대지 변수(수평 다층 구조 대지에서의 지층의 두께와 그 대지 저항률을 말한다)를 추정하는 방법에는 접지 저항 역산법, 전기 검층법, ρ-a 곡선법 등이 있다. 접지 저항 역산법이나 전기 검층법은, 대지를 실제로 파괴하여 데이터를 얻는 방법이지만 ρ-a 곡선법은 대지의 표면에서 대지 변수를 추정하는, 이른바 비파괴적 방법으로서 지중의 깊은 곳까지의 정보를 알기 위한 가장 간편한 방법이다.

〔1〕 접지 저항 역산법

그림 47.1에 나타낸 바와 같이 두 가지 방법이 있다. 그 하나는 같은 그림 (a)와 같이 시판되고 있는 접지봉을 박고, 그 접지 저항으로부터 대지 저항률을 역산하는 것과 같은 직접적인 방법이다.

또 하나는 같은 그림 (b)에 나타낸 바와 같이, 알고 싶은 지층까지 봉상 전극(대규모적인 경우는 보링 전극)을 대지에 박아, 접지 저항 R을 일정한 길이 l마다 측정하여 R-l 곡선을 작성하고 다층 문제의 시뮬레이션에 의해 추정하는 간접적인 방법이다.

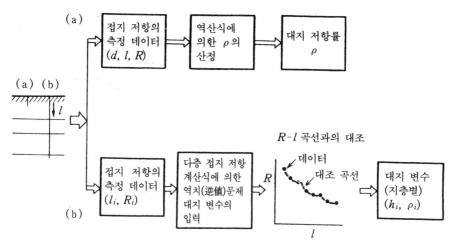

그림 47.1 접지 저항 역산법

(1) **직접적인 방법** : JIS A 4201(건축물 등의 피뢰 설비)에도 기술되어 있는 바와 같이 ρ를 추정하는 가장 용이한 방법으로 다음과 같이 구할 수 있다.

지름 d인 접지봉을 길이 l까지 박아 접지 저항을 측정하고 그것을 R이라 하면, 다음과 같은 역산식으로부터 ρ가 구해진다.

$$\rho = \frac{2\pi l R}{\ln\left(\frac{4l}{d}\right)}$$

(2) **간접적인 방법** : 다층 대지에 적용한 계산 공식에 의해서 봉상 전극의 접지 저항을 계산하면, 대지 변수에 의해서 R-l 곡선의 양상이 달라진다는 것을 명백하게 알 수 있다. 예를 들면 대지가 5층 구조로 되어 있는 경우 **표 47.1**에 나타낸 바와 같은 대지 변수에 의해서 접지 저항을 계산하면 **그림 47.2**와 같이 된다.

대지 변수 중에서 지층의 두께를 고정시키고, 각 지층의 ρ를 변화시켰을 경우의 R-l 곡선을 작성한 것이 그림 47.2이다.

표 47.1 5층 대지의 대지 변수

지 층	지층의 두께 [m]	대지 저항률 [Ω·m]					
		A	B	C	D	E	F
제1층	5	10	100	10	1,000	500	500
제2층	10	100	10	50	500	50	50
제3층	20	10	100	100	100	100	1,000
제4층	40	100	10	500	50	10	100
제5층		10	100	1,000	10	100	10

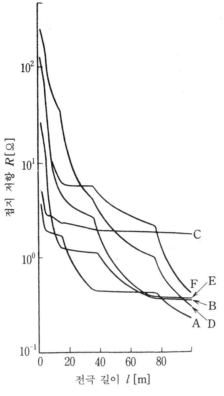

그림 47.2　5층 대지에서의 접지 저항

　그림에서 E, B를 보면 제5층째의 ρ 가 제4층에 비해 높기 때문에 접지 저항의 저감 비율이 작다. E인 쪽이 약간 높게 나와 있는데, 이것은 상층부의 ρ 가 높은 것에 따른 영향이다. C에 관해서는 하층일수록 ρ 가 높은 경우이며, 따라서 접지 저항은 그다지 감소하지 않는다.

　이에 대해서 D는 하층의 ρ 가 낮은 경우로, 접지 저항은 급격히 감소하는 경향을 보이고 있다. E, F에 관해서는, 제2층째까지의 대지 변수는 같기 때문에 $R-l$ 곡선의 양상도 비슷하지만, 3층째에서의 ρ 의 대소에 따라 그 양상은 크게 변해가고 있다.

　즉, 대지 변수에 의해서 $R-l$ 곡선의 양상이 변화된다는 것은 역산 문제로서 실측으로 얻어진 곡선을 기초로 다층 문제의 시뮬레이션을 함으로써 대지 파라미터를 추정할 수 있다는 것을 시사하고 있다

〔2〕 전기 검층법

　전기 검층은 지질 조사에서 반드시 실행되는 항목으로, 그 조사 결과를 가지고 접지 저항을 예측하는데 활용하면 편리하다. 전기 검층법에는 노멀법, 래터럴법 등 다양한 방

식이 있다. 베너의 4전극법이 지상에서 수평 방향으로 실시되는 데에, 대해 전기 검층은 원칙적으로 **그림 47.3**에 나타낸 바와 같이 수직 방향으로 실행된다.

이때의 대지 저항률이 파악되면 미소한 대지의 정보가 얻어진다. 그것은 검층용 존데(Sonde)의 크기와 측정 간격에 따라 변한다. 예를 들면 1 m마다 측정하는 경우, 각 측정 데이터를 지층 1 m 두께의 대지 저항률로 보게 된다. 이렇게 해서 지층별로 대지 저항률을 직접적으로 얻을 수 있다.

〔3〕 ρ-a 곡선법

ρ-a 곡선법은 ㉘에서도 소개한 바와 같이 베너의 4전극법에 의해서 얻어지는 ρ(대지 저항률)의 실측값과 a(전극 간격)의 관계를 그래프로 표현하여, 이것과 다수의 표준 곡선 및 보조 곡선과 대조함으로써 대지 변수를 추정하는 방법이다. ρ-a 곡선을 해석하는 방법에는 Sundberg와 Tagg의 표준 곡선 대조법이 있다.

어느 방법이나 대지를 수평 2층 구조라 가정하고 있으며, 3층 이상의 경우는 2층 구조의 해석을 기초로 실행한다. 이것들의 대조에는 어떤 종류의 경험을 필요로 한다. 또 표준이 되는 곡선이 3층 이상의 다층 구조를 의도한 것은 아니기 때문에 3층 이상의 지층에 대해서는 해석이 곤란한 경우가 많다고 한다.

베너의 4전극법으로 얻어지는 ρ-a 곡선을 이용하여 실행하는 대지 변수의 추정 방법은 간편하며, 그 유용성은 오래전부터 인정받고 있었다. 그러나 3층 이상의 다층 대지에 대응한 것은 아니다. 최근에는 컴퓨터를 이용하여 수평 다층 구조 대지에서의 베너의 4전극법을 이용했을 경우의 겉보기 대지 저항률을 계산하여 다층 대지의 ρ-a 곡선을 작성할 수 있게 되었다. 이로써 다양한 대지 변수에 의한 ρ-a 곡선의 특징을 파악할 수 있어 대지 변수 추정에 대한 응용 방법이 확립되어 가고 있다.

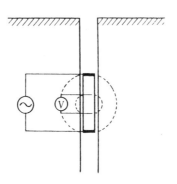

그림 47.3 전기 검층법의 원리

48. 컴퓨터의 접지

최근에 국내외에서 컴퓨터와 관련된 접지의 문제가 더욱 주목받고 있다. 여기에는 다음과 같은 세 가지 배경이 있다.

(1) 크기가 다양한 **LAN**의 구축. LAN으로써 복수의 컴퓨터가 상호간에 데이터 회선으로 연결된 결과 컴퓨터 네트워크의 접지라는 새로운 문제가 발생해 왔다.

(2) 가속되고 있는 전자 환경의 악화. "**잡음 공해(noise pollution)**"로까지 표현될 정도로 공중에는 고주파 노이즈가 어지럽게 퍼져 있고 선로에는 고조파 노이즈가 왕래하고 있다. 이들 잡음으로부터 컴퓨터를 보호하기 위한 접지에 기대가 쏠리고 있다.

(3) 현재의 마이크로 프로세서의 동작 전압은 5~12V로 낮아, 사용하는 주파수는 PC에서 1~7 MHz, 중위 기종의 전산기에서 10~30 MHz 정도의 고주파이다. 처리 속도를 높이기 위해 동작 전압은 더욱더 낮아지고 클럭 주파수는 점점 높아지는 경향이 있어, 그 만큼 **컴퓨터가 노이즈에 대해 민감하게 되고 있다.**

이와 같은 정세에도 불구하고 컴퓨터의 접지에 관하여 공인된 가이드 라인이 아직도 구체적으로 나와 있지 않다. 그 이유는 앞에서도 미루어 짐작할 수 있지만 컴퓨터의 접지가 **EMC(전자 환경 문제)**나 **EMI(전자 유도 간섭)**와 밀접한 관계에 있어 문제가 매우 복잡하기 때문이다.

컴퓨터의 접지에 관한 논의가 종종 혼란을 일으키고 있는 것은 컴퓨터와 관련된 접지의 종류가 많을 뿐만 아니라, 각각 그 목적이 다르다는 것을 충분히 인식하지 못하고 있기 때문이다.

컴퓨터 설비에 관련된 접지에는 다음과 같은 것이 있다.
- 전원의 계통 접지(2종 접지)
- 기기 접지(케이스 어스, 보통 3종 접지)
- 신호 기준용 접지
- 라인 필터용 접지
- 서지 업소버의 접지
- 피뢰기의 접지
- 실드의 접지

이들 접지 가운데, 컴퓨터에 있어 특징적이면서 가장 중요한 것은 **신호 기준용 접지**

이다. 신호 기준용 접지는 컴퓨터의 각 유닛에 신호의 기준이 되는 전위(이른바 **제로 전위**)를 공급하기 위한 접지이다. 그 전위가 변동하거나 유닛에 의해서 기준 전위에 차이가 발생하면 컴퓨터 시스템의 동작은 엉망으로 되어 버린다. 따라서 신호 기준용 접지는 가장 신중하게 취급되어야 할 부분이다. 아래에 신호 기준용 접지에 관한 원칙을 기술한다.

 (1) **독립 접지** : 신호 기준용 접지는 원칙적으로 다른 종류의 접지와 공용하지 않는다. 그 이유는 말할 것도 없이 다른 접지에서 일어난 전위 변동이 여기로 파급되는 것을 꺼리기 때문이다. 그러나 독립 접지로 하면 접지 공사의 수가 증가하고, 더욱이 단독으로 충분히 낮은 접지 저항을 얻어야 하기 때문에 코스트 상승의 문제도 생긴다. 단, 후술하는 구조체를 통한 간접적인 공용이나 원 포인트 어스에 따른 공용은 제외한다.

 (2) **건축 구조체와 최단거리로 연결** : 신호 기준용 접지의 대상을 선택할 때 가장 중요한 것은 **전위의 안전성**이다. 그것은 언제 어떠한 경우라도 수십 MHz 이상의 주파수 대역까지 그리고 접지계의 구석 구석까지 전위가 일정한 것을 이상으로 하기 때문이다. 그래서 철골조, 철근 콘크리트조, 철골 철근 콘크리트조의 건축물에 있어서는 **구조체 접지** 방식에 따라 신호 기준용 접지를 최단 거리인 구조체에서 잡는다. 이 때 상호간을 연락하는 접지선에 공중의 전자파로부터 발생하는 잡음이 끼어들지 않도록 충분히 배려한다. 최단 거리로 하는 것도 이 때문이다.

 (3) **원 포인트 어스에서 금속 그리드 바닥으로** : 종래에는 신호로 연결되어 있는 여러 개의 컴퓨터 유닛이 있는 경우 각 유닛에 공급되는 신호 기준용 접지선을 한점으로 집결시킨 다음에 어스로 떨어뜨리는 **원 포인트 어스**가 권장되고 있었다(**그림 48.1**).

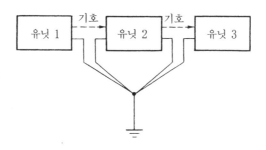

그림 48.1 원 포인트 어스

 최근에는 계산기실의 바닥에 **금속의 그리드**를 전면에 깔고 여기에서 각 유닛으로 기준 전위를 공급하는 방식(**그림 48.2**)이 등장했다. 비용은 들지만 합리적인 방식이다. 또한 금속 그리드는 건축 구조체와도 견고하게 접속하면 더욱 효과적이다.

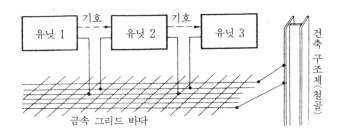

그림 48.2   금속 그리드 바닥

49. 접지의 재료

(1) 봉상 전극 : 동봉, 동피복 강봉이 일반적이며, 그 치수는 단독으로 사용하는 경우는 지름 14 mm, 길이 1.5 m이다. 또, 이것을 직렬로 연결한 연결식도 이용하고 있다. 동피복의 두께는 0.5, 1.0 mm이지만 가급적 두꺼운 것을 사용해야 한다. 특수한 것으로서 스테인리스피복 강봉(지름 14 mm, 길이 1.5 m), 탄소피복 강봉(지름 16 mm, 길이 0.5 m)도 있다.

(2) 보링 전극 : 땅속을 뚫어 수직으로 전극을 매설하는 공법이다. 시공성을 고려하여 선상(線狀) 전극이나 가는 대상(帶狀) 전극을 복수 가닥묶음으로 매설하는 공법이 있다. 이 공법은 접속부를 설치할 필요가 없이 연속적으로 수백 m나 매설이 가능하여 편리하다. 그러나 보링 전극에는 동 파이프를 사용하는 것을 원칙으로 하고 있다. 이 경우 파이프의 연결 접속부의 처리 방식에는 납땜, 나사식이 있으며 기계적인 강도가 구비되어야 한다. 동 파이프의 치수는 지름 38~66 mm, 길이가 5 m 정도로 이것을 직렬로 연결하여 사용한다.

(3) 선상 전극 : 선상 전극을 그대로 사용하는 접지 전극 형태로 매설 지선(counter poise)이 있고, 망상(網狀)으로 부설하는 메시 접지가 있다. 이것들의 부설 형태에 따라 고장 지락 전류의 전류 분포가 달라지며, 전류 용량은 선상 전극의 부설 형태에 의해서 결정된다. 일반적으로 재료는 접지선으로 이용되는 KS 규격품을 사용하고 있다. 그 크기는 전극 규모에 따라서도 달라지지만 보통 60, 100 mm^{2}의 동선이 사용된다.

(4) 판상 전극 : 일반적으로 동제로 치수가 90×90 cm, 100×100 cm인 정방각판을 사용한다. 판의 두께는 1.5, 2.0 mm가 있다. 다른 전극에 비해 표면적이 크기 때문에 특히 수평으로 매설하는 경우에는 토양에 단단히 밀착시켜 시공해야 한다. 그 이유는 전극 표면에 공기층이 존재하면 부식을 촉진시키기 때문이다.

(5) 대상 전극 : 그다지 일반적으로 취급되지는 않지만 루프형으로 부설하는 접지 형태인 경우, 접지 저항 및 뇌 임피던스라는 관점에서 선상 전극보다도 효과적이다. 재료에는 KS 규격의 동 가닥이 사용되며 치수는 두께 1.4 mm, 폭 20, 30 mm인 것이 있다. 코일상으로 되어 있으므로 길이를 임의대로 사용할 수 있어 편리하다.

50. 접지 인피던스

지금까지는 접지 저항이라고 하면 직류에서의 저항을 의미하고 있었다. 그런데 실제로 접지 회로에 흐르는 전류가 직류라고는 할 수 없다. 예를 들면 대표적인 접지 전류인 뇌 방전 전류를 주파수 분석을 해보면 거기에는 직류에서 고주파까지 폭넓은 성분이 검출된다.

따라서 현실에서 일어나는 접지 현상을 이해하는 데에는 직류에 대한 접지 저항의 지식만으로는 부족하고, 교류에 대한 접지 저항 —— 보다 정확하게 표현한다면 「**접지 임피던스**」에 대한 지식이 필요하다. 그런데 임피던스에 대한 이론 및 측정은 상당히 복잡하고 추상적이기 때문에 이를 체계적으로 정리하기란 쉽지 않다. 아직까지 내외적으로 접지 임피던스에 관한 문헌은 아주 적다는 것이 현실이다. 그럼 임피던스의 복잡성에 대해 알아보자.

〔1〕 접지 현상은 연속 매질 문제

접지 현상을 논의하는 데에는 **그림 50.1**에 나타낸 바와 같이 대지를 포함한 회로로서 취급해야만 한다. 그림 50.1의 회로에서 특징적인 것은, 그림에서도 알 수 있듯이 **지중이 3차원적으로 확산된 연속 매질**로 이루어졌다는 점이다. 연속 매질인 경우에는, 가장 간단한 직류조차도 전류의 3차원적 분포를 고려해야 한다.

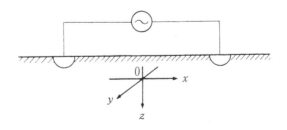

그림 50.1 접지 회로

문제는 주파수가 높아지면 전류의 3차원적 분포가 영향을 받아 변화한다는 것이다. 회로의 지상 부분은 우선 집중 상수 회로로서 취급하더라도, 지중 부분은 이른바 3차원의 분포 상수 회로로서 취급해야 한다.

집중 상수 회로는 집중 상수 이론으로 처리할 수 있지만, 연속 매질에서의 전자 현상은 보통 방법으로는 안된다. 그렇지만 비교적 저주파의 단계에서는 지상 부분과 지중

부분을 분리하여 취급하면 되지만, 고주파수로 되면 지상과 지중을 분리할 수 없게 되어 전체적으로 아주 복잡한 문제가 된다. 어쨌든 연속 매질 문제라는 것이, 고주파일 때의 접지 현상을 취급하는데 상당한 어려움을 주고 있다.

〔2〕 전자계의 지중으로의 침투

그림 50.1과 같은 접지 회로가 고주파수일 때의 거동을 이해하는 데에는 대지에 **표피 효과**가 발생하는 것이라 보면 이해하기 쉽다.

직류에서는 표피 효과가 발생하지 않지만, 교류에서는 표피 효과에 의해 전류가 지표면 가까이로 모여드는 경향이 있다. 바꿔 말하면 **교류 전류가 지중으로 침투하는 데에는 제한이 있다**는 것이다.

교류 전류 침투 깊이의 대략적인 값 l은 다음과 같은 식으로 주어진다.

$$l \coloneqq \frac{1}{\sqrt{\omega\sigma\mu}} \ [\mathrm{m}]$$

여기서, l은 대부분의 전류가 흐르고 있는 깊이이다. $\omega = 2\pi f$에서 f는 주파수 [Hz], σ는 대지의 도전율로서 대지 저항률의 역수, μ는 대지의 투자율(透磁率)이다.

대지 저항률을 $\rho[\Omega \cdot \mathrm{m}]$, 대지의 투자율을 진공 투자율인 $\mu_0 (= 4\pi \times 10^{-7} [\mathrm{H/m}])$로 해서 위 식을 정리하면

$$l \coloneqq 356 \times \sqrt{\frac{\rho}{f}} \ [\mathrm{m}]$$

표 50.1에 위 식에 의해 계산한 침투 깊이의 값을 나타내었다. **대지 저항률이 낮을수록, 그리고 주파수가 높아질수록 교류 전류의 지중으로의 침투는 얕아진다.**

일본 각지에서 대지 리턴 전류의 침투 깊이(단, 상용주파수에서)를 실측한 결과가 **표 50.2**에 나와 있다. 각 지대(地帶)의 대지 저항률은 명확하지 않지만 순서상으로는 표 50.1의 50 Hz일 때의 계산값과 일치하고 있다.

표 50.1 교류 전류의 지중으로의 침투 깊이 : l [m]

대지 저항률 ρ \ 주파수 f	50 Hz	1 kHz	1 MHz	1 GHz
1,000 Ω · m	1,600 m	356 m	11.2 m	0.36 m
100 Ω · m	500 m	112 m	3.56 m	0.11 m
10 Ω · m	160 m	35.6 m	1.12 m	0.036 m
1 Ω · m	50 m	11.2 m	0.36 m	0.011 m

표 50.2 대지 귀로 전류의 깊이 (상용 주파수)

지 대	깊 이
화성암으로 이루어진 제 3 기 이전의 산악지대	900 m
수성암으로 이루어진 제 3 기의 산지	600 m
새로운 지층의 평지	300 m

표 50.1에서 전원 주파수가 MHz 대역 이상으로 되면, 교류 전류가 지중으로 침투되는 깊이는 수 m 이하로 낮아짐을 알 수 있다. 접지 전극의 길이도 고작 수 m이기 때문에 양자는 같은 정도이다.

이러한 점은 MHz 대역 이상으로 되면, 접지 저항에 표피 효과의 영향이 현저하게 나타나기 시작하여 직류일 때의 저항보다 높아진다는 것을 말해준다.

〔3〕 변위 전류의 발생

주파수가 높아지면 표피 효과가 점점 커져, 접지 회로의 임피던스는 계속 높아지는가 하면 그렇지 않다. 표피 효과는 **준정상**(準定常) **전자계**만을 고려하고 있지만, 현실적으로는 주파수가 높아지면 **변위 전류**가 흐르기 시작한다. 변위 전류는 전원의 양끝에서 주위의 공간을 경유하여 흐르기 때문에, 이 주파수 대역에서는 접지 전극의 접지 저항은 거의 영향력을 미치지 못한다.

찾 아 보 기

〈가나다순〉

영 문

초보자를 위한 **전기기초 입문**

岩本 洋 지음 | 4·6배판형 | 232쪽 | 23,000원

이 책은 전자의 행동으로서 전자의 흐름·전자와 전위차·전기저항·전기에너지·교류 등을 들어 전자 현상을 물에 비유하여 전기에 입문하는 초보자도 쉽게 이해할 수 있도록 설명하였다.

기초 회로이론

백주기 지음 | 4·6배판형 | 428쪽 | 26,000원

본 교재는 기본서로서 수동 소자로 구성된 기초 회로이론을 바탕으로 가장 기본적인 이론을 엮었다. 또한 IT 분야의 자격증 취득을 위해 준비하는 학생들에게 가장 기본이 되는 이론을 소개함으로써 자격시험 대비에 도움이 되도록 하였다.

기초 회로이론 및 실습

백주기 지음 | 4·6배판형 | 404쪽 | 26,000원

본 교재는 기본을 중요시하여 수동 소자로 구성된 기초 회로이론을 토대로 가장 기본적인 이론과 실험으로 구성하였다. 또한 사진과 그림을 수록하여 이론을 보다 쉽게 이해할 수 있도록 하였고 각 장마다 예제와 상세한 풀이 과정으로 이론 확인 및 응용이 가능하도록 하였다.

공학도를 위한 전기/전자/제어/통신 **기초회로실험**

백주기 지음 | 4·6배판형 | 648쪽 | 25,000원

본 교재는 전기, 전자, 제어, 통신 공학도들에게 가장 기본이 되면서 중요시되는 회로실험을 기초부터 다져 나갈 수 있도록 기본에 중점을 두어 내용을 구성하였으며, 각 실험에서 중심이 되는 기본 회로이론을 자세하게 설명한 후 실험을 진행할 수 있도록 하였다.

기초 전기공학

김갑송 지음 | 4·6배판형 | 452쪽 | 24,000원

이 책은 전기란 무엇이고 전기가 어떻게 발생하는지부터 전자의 흐름, 전자와 전위차, 전기저항, 전기에너지, 교류 등을 전기에 입문하는 초보자도 누구나 쉽게 이해할 수 있도록 설명하였다.

기초 전기전자공학

장지근 외 지음 | 4·6배판형 | 248쪽 | 18,000원

이 책에서는 필수적이고 기초적인 이론에 중점을 두어 전기, 전자공학 및 이와 관련된 분야의 기초를 습득하고자 하는 사람들이 쉽게 공부할 수 있도록 구성하였다.

BM (주)도서출판 성안당
04032 서울시 마포구 양화로 127 첨단빌딩 3층(출판기획 R&D센터)
10881 경기도 파주시 문발로 112 출판문화정보산업단지(제작 및 물류)
TEL_02.3142.0036
TEL_도서:031.950.6300 I 동영상:031.950.6332

현장의
접지 기술과 접지 시스템

2020. 7. 13. 장정개정판 1쇄 인쇄
2020. 7. 23. 장정개정판 1쇄 발행

지은이 | 가와세 타로(川瀬 太郎)
옮긴이 | 이종선
펴낸이 | 이종춘
펴낸곳 | BM (주)도서출판 성안당

주소 | 04032 서울시 마포구 양화로 127 첨단빌딩 3층(출판기획 R&D 센터)
10881 경기도 파주시 문발로 112 출판문화정보산업단지(제작 및 물류)

전화 | 02) 3142-0036
031) 950-6300

팩스 | 031) 955-0510
등록 | 1973. 2. 1. 제406-2005-000046호
출판사 홈페이지 | www.cyber.co.kr
ISBN | 978-89-315-2669-1 (93560)
정가 | 20,000원

이 책을 만든 사람들
기획 | 최옥현
진행 | 박경희
표지 디자인 | 임진영
홍보 | 김계향, 유미나
국제부 | 이선민, 조혜란, 김혜숙
마케팅 | 구본철, 차정욱, 나진호, 이동후, 강호묵
마케팅 지원 | 장상범, 조광환
제작 | 김유석

■ 도서 A/S 안내

성안당에서 발행하는 모든 도서는 저자와 출판사, 그리고 독자가 함께 만들어 나갑니다.
좋은 책을 펴내기 위해 많은 노력을 기울이고 있습니다. 혹시라도 내용상의 오류나 오탈자 등이 발견되면 **"좋은 책은 나라의 보배"**로서 우리 모두가 함께 만들어 간다는 마음으로 연락주시기 바랍니다. 수정 보완하여 더 나은 책이 되도록 최선을 다하겠습니다.
성안당은 늘 독자 여러분들의 소중한 의견을 기다리고 있습니다. 좋은 의견을 보내주시는 분께는 성안당 쇼핑몰의 포인트(3,000포인트)를 적립해 드립니다.
잘못 만들어진 책이나 부록 등이 파손된 경우에는 교환해 드립니다.